一本关于书的书

书香两岸特集
with books 3

主编 连建壹

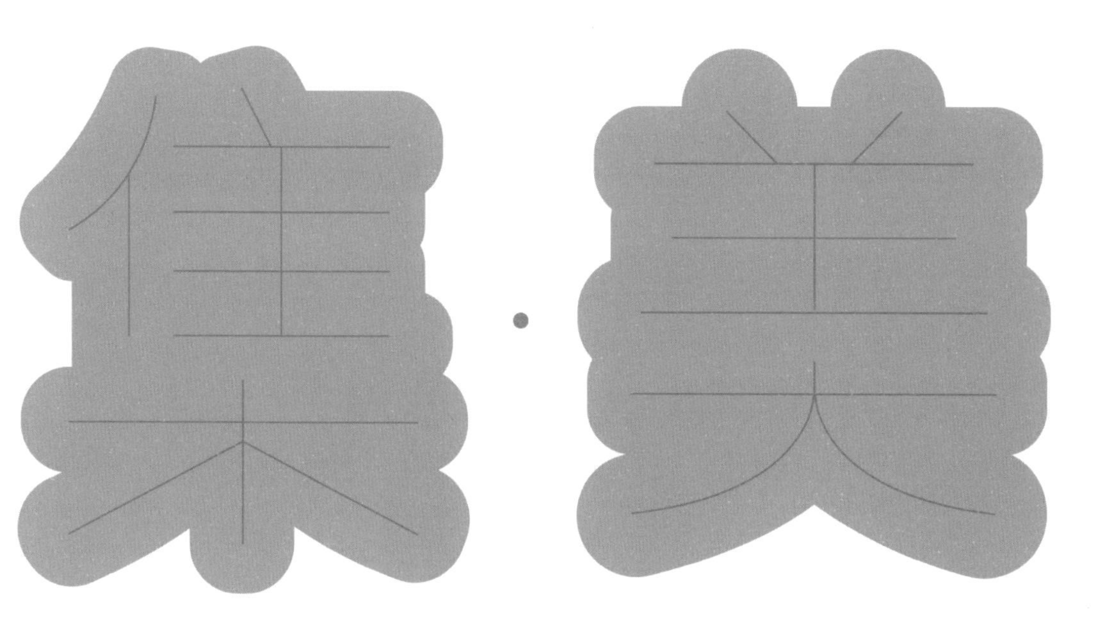

集·美之书

55 designers
and

The books they designed

「55 位设计师
和他们设计的书」

集·美之书

时代出版传媒股份有限公司
安徽教育出版社

图书在版编目（CIP）数据

集·美之书 / 连建壹主编. — 合肥：安徽教育出版社，2018
ISBN 978-7-5336-8672-7

Ⅰ. ①集… Ⅱ. ①连… Ⅲ. ①书籍装帧－设计－作品集－中国－现代 Ⅳ. ① TS881

中国版本图书馆 CIP 数据核字（2018）第 102096 号

集·美之书
JI·MEI ZHI SHU

出 版 人：郑　可
质量总监：姚　莉
策划编辑：何志伟　曹智晔
责任编辑：徐　鹏
装帧设计：赵玮玮
美术编辑：许海波
责任印制：王　琳

出版发行：时代出版传媒股份有限公司　安徽教育出版社
地　　址：合肥市经开区繁华大道西路 398 号　邮编：230061
网　　址：http://www.ahep.com.cn
营销电话：（0551）63683012，63683013
排　　版：安徽时代华印出版服务有限责任公司
印　　制：安徽联众印刷有限公司

开　　本：787×1092　1/16
印　　张：10.25
版　　次：2018 年 7 月第 1 版　2018 年 7 月第 1 次印刷
定　　价：48.00 元

目录

Contents

The Preface

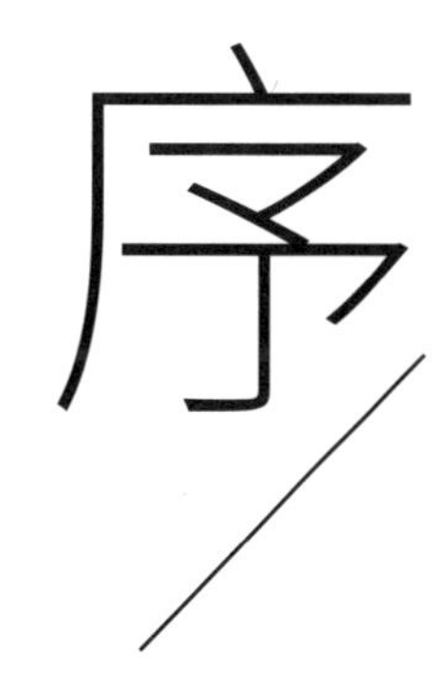

这里的每一位设计师，都是独具风格的创作人。
他们每个人的背景和经验不同，
知识结构与创作理念不同，
却借由纸本书籍的本体创作，
在方寸的纸页上，呈现出多元异质的视觉能量，
让我们直面当下华文书籍设计的符号、
美学特质与设计力。

你完全可以将这本特集当作一场纸上的设计展。
借由这些作品，
我们请设计师和编辑将最初的发想和创作过程记录下来，
让我们靠近设计的内核——
他们如何借由设计，转为纸本的生命。

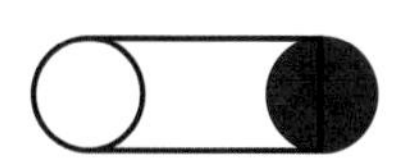

擂台旁邊

不然你搬去火星

咬一口昭和回忆

如是清渲

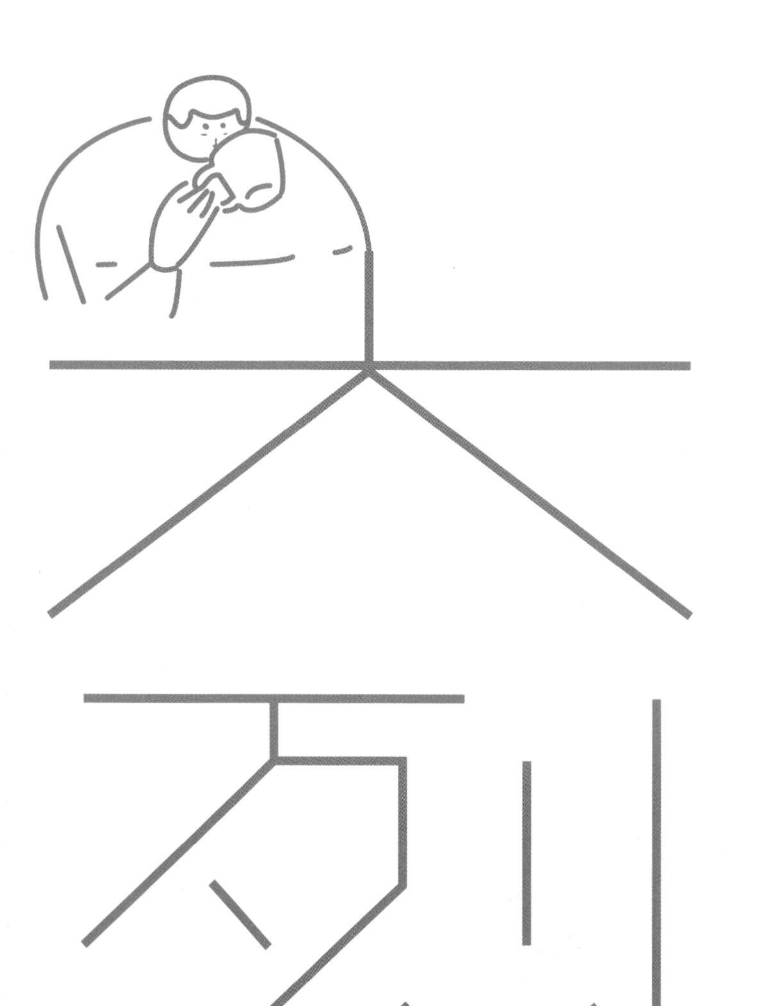

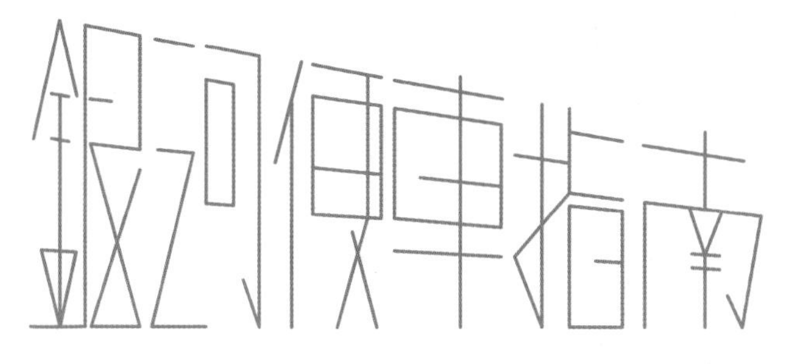

小说药丸

平面设计师，书籍设计师。中国出版协会装帧艺术工作委员会委员。首都师范大学美术学院视觉传达专业客座讲师，2013 年参与创办三联书店《新知》杂志，并担任美术总监。近年来活跃于书籍设计领域，在杂志以及出版物领域的工作获得了广泛认可，以设计不断提升大众市场出版物的水准。作品入选 2017—2018 年度《中国设计年鉴》，多次入选《APD 亚太设计年鉴》。2016 年被《新京报》评为“年度致敬书籍设计师”，2017 年受日本国际交流基金会（Japan Foundation）邀请，作为唯一代表中国的设计师参加“Door to Asia”设计驻留项目。

designer

1982 孙晓曦

星际唱片

250mm×250mm

〖函盒用纸〗 黑卡
〖封面用纸〗 高阶映画纸
〖内文用纸〗 瑞典轻型纸
〖印刷工艺〗 烫彩虹电化铝／局部 UV／函盒模切
〖编辑〗 陆飞
〖出版〗 世纪文景

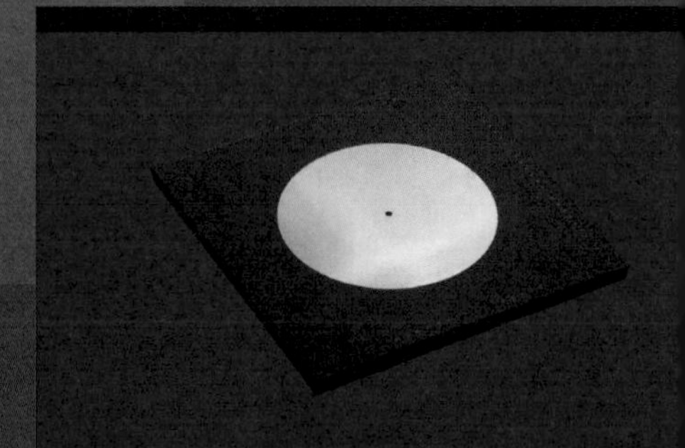

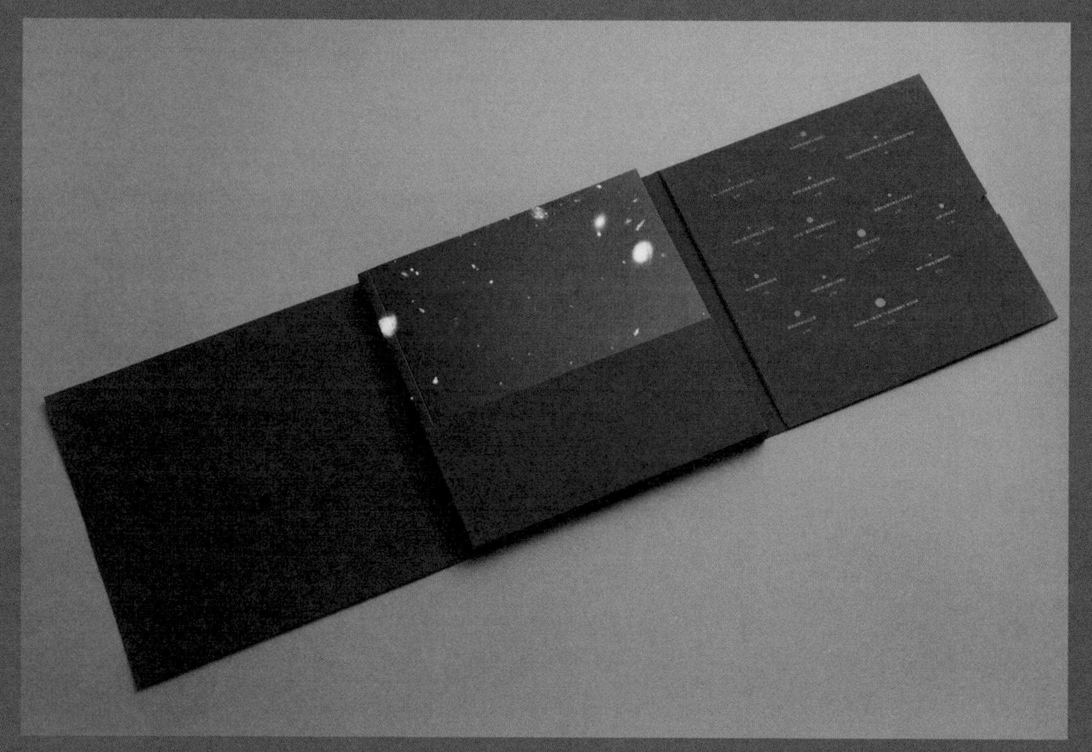

展开图

（设计师说）

2017年年初，我受世纪文景的委托，对该书简体中文版进行装帧设计。当我了解了相关内容后，便被这一个浪漫而伟大的想法触动，隐约觉得这应该是一本不一样的书。在收到图文资料后，我有些沮丧，由于原版书出版时间过久，受当时的印刷技术所限，书中图片的质量不高，经过扫描就更差了。且图片的体例不一，黑白彩色都有。如果简单按照原版书将图文排出来，是不可能有好的效果的。在出版38年后，再一次面对中文读者，这本书应该以全新的面貌出现。面对这些，我重新整理思路，开始想象最终这应该是一本什么样的书。很显然，它首先应该是浪漫的，不那么现实的，因为金唱片计划本身就充满诗意，而卡尔·萨根也知道，它被外星文明获得的可能性几乎为零，但还是执意推动了这个计划。

首先我从书籍的整体结构入手，由于这是一张载入历史的唱片，我决定将唱片封套的概念带入。此外，原版书的开本是正方形的，唱片的经典形态也是方形的，于是沿用了方形的形态。

接下来，封面是极为重要的，如何能表达宇宙中的诗意？如何能用简练的方式体现本书的内容？我从CD光盘的反光得到灵感，这种色彩随着光线的变化而变化，因此外封套的封面是一个彩色的圆，通过特殊的材料达到了这一效果。而黑色，既是宇宙的颜色，也是永恒的颜色，我将它设定为全书的主色调，这是一个比较大胆的尝试，就是营造出一本全黑的书，一本黑白之书。

在确定设计概念后便开始处理素材，一般图书都会追求图片的高分辨率和精美程度，但由于这张唱片至今已在太空中飘荡了近40年，我发现图片的粗糙反而有一种特别的美感和时间感。我想让图片有一种在太空中游历很久留下的痕迹，所以我决定利用这种粗糙并进一步放大它，甚至用软件对图片的“噪点”进行了统一。在“地球的图像”部分，将图片重新排列，大小不一，营造出空间感，犹如星星点点悬浮在太空的人类图景。通过版心的设计，文字部分上端接近书口，形成了一种漂浮感。此外，为了全书统一的视觉效果，将原书中的图表重新矢量化，每一个章、节、页的文字有着特别的字距，同样是星空的意象。

在装订上采用锁线胶装，这样书既牢固，又可以最大程度翻开，便于阅读。

为了提供更加身临其境和立体的阅读体验，本书编辑陆飞还在书中加入了唱片的二维码，读者可以边读边在线聆听《星际唱片》。

经过全新编辑和设计的《星际唱片》是送给广大中文读者的一份礼物，也是对充满人文精神的科学家卡尔·萨根的最好的纪念。

《大西洋月刊》曾评价这本书：它们携带着我们的文明，携带着人类存在中最卓越的那部分——艺术、美、渴望和快乐。它们向宇宙，以及其他将这宇宙称之为家的生命，宣告我们拥有什么，我们是什么。

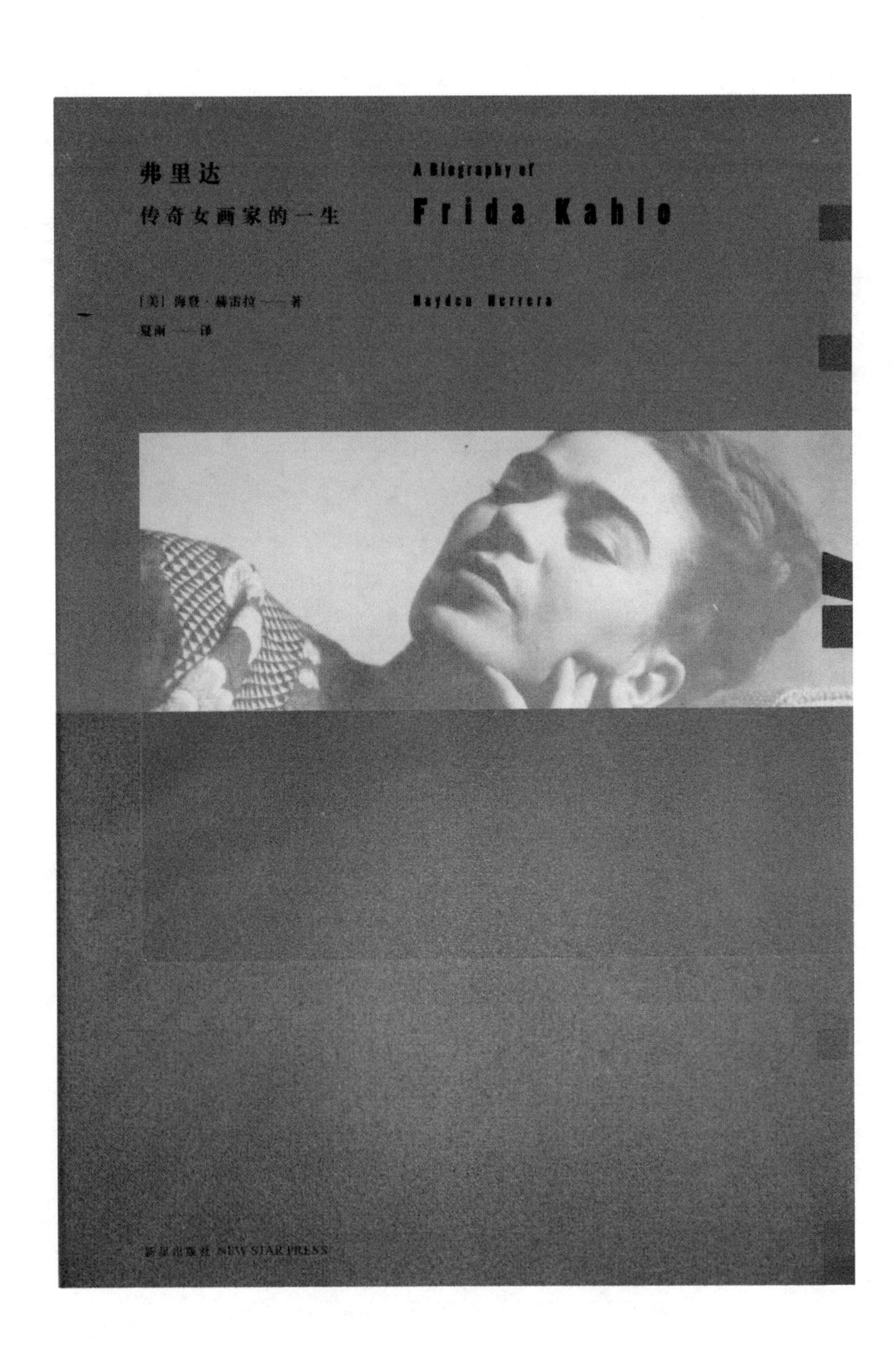

弗里达：传奇女画家的一生

150mm×220mm

〖封面用纸〗棉彩速印纸　〖编辑〗曹雪峰
〖内文用纸〗轻型纸　〖出版〗雅众文化

（设计师说）

浓烈的红、绿、玫红撞色色块将《弗里达》书封分割成了几部分，像是弗里达日常最爱的拖地长的墨西哥民族服装。嵌在鲜艳色调里的黑白肖像上，弗里达眯缝着她标志性豹猫般的眼，似乎观察着肉体的疼痛，繁复的现实场景。封面和勒口交接处横亘着弗里达·卡罗的英文名，藏而不露的效果与其画作在视觉上的冲击、内容的深度、颜料的力度相吻合。一般来说，护封内侧为白色，而《弗里达》创造性地在内侧印上其潇洒的签名。书封设计中爆发出的强烈浓郁的色彩，与其浪漫短暂的一生相呼应。

I hope the exit is joy

And I hope never to

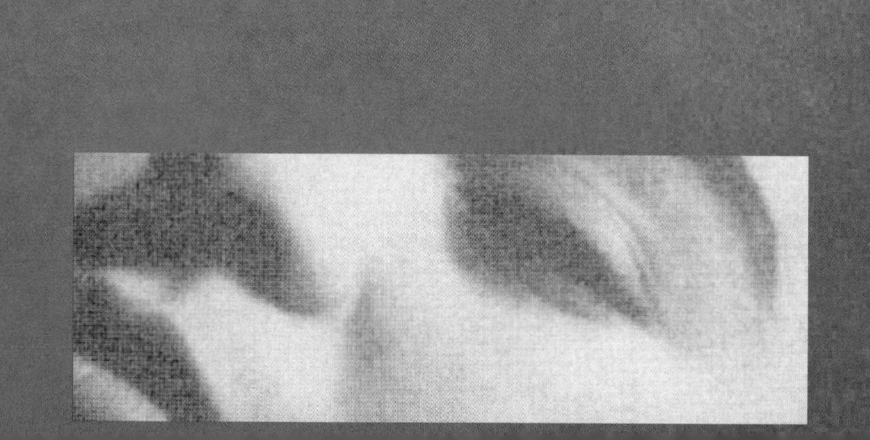

草疯长／豆腐匠的哲学

128mm×187mm

〖封面用纸〗大地之恋 〖编辑〗陈希颖
〖内文用纸〗纯木浆胶版 〖出版〗雅众文化
〖印刷工艺〗书名烫黑

今村昌平
草疯长
映画は狂気の旅である
Shohei Imamura
无须什么天才 莫被常识束缚 拿出勇气来
执着地探索人生 朝着无人的旷野疾奔
[日] 今村昌平 著
高培明 译
今村昌平
草疯长
映画は狂気の旅である
日本仅有的一位两获戛纳金棕榈奖的导演
国际巨匠导演 日本新浪潮运动领军者
今村昌平 自传性随笔 首次出版
新星出版社 NEW STAR PRESS

（设计师说）

《草疯长》的书衣采用白色的“大地之恋”，有颗粒质感的自然白纸张，透着如大地般沉稳厚重之美。大地，是野草生长的地方。“我将书写蛆虫，至死方休。”今村昌平的镜头对准了战地未返乡的士兵、下南洋的卖春女、被国家抛弃的人、无辜受歧视者，从生、死、性的层面出发，扎根人性大地。让人第一眼就无法将目光从封面上移开的，是今村昌平指导电影拍摄时认真的注视。从这张经典照片右侧斜出四条黑色细线，蕴含“野草在大地上疯狂生长”之意，一如其用镜头“执着地探索人生”。在主动提出离开当时被视为小津团队主创的今村昌平看来，“电影不是秩序与规则的产物，而是朝着无人的旷野疾奔”。

（设计师说）

《豆腐匠的哲学》，腰封选用小津安二郎最被人所熟悉的黑白肖像，以横向画面的电影感呈现，对应了他代表性的黑白电影风格，同时呼应导演所写的内容。

YASUJIRO OZU
小津安二郎
僕はトウフ屋だからトウフしか作らない
豆腐匠的哲学
[日] 小津安二郎 _著
与黑泽明 大岛渚 今村昌平齐名的
国际巨匠导演
吴菲__译
最具日本特色的电影大师自传性随笔
独家收录《东京物语》剧本

去掉腰封后的留白效果需要配合小津电影的“余味”一起“食用”。大腰封下枕着具有日本传统风格的大地之恋白色纸张，特有的纹路与日系和风的效果契合小津电影传统的融融温情。最上方小津安二郎的日语罗马字名字以弧形的跨度展现昭和时代电影招牌独特的复古感。

“顽固较真”的匠人小津在制作电影时留心每一帧画面，烫黑效果的书名由纯手工完成，一笔一画的精细雕琢也正与小津传统的匠人精神契合。

二十亿光年的孤独

135mm×210mm

〖封面用纸〗素美米白

〖内文用纸〗瑞典轻型纸

〖编辑〗陈希颖

〖出版〗雅众文化

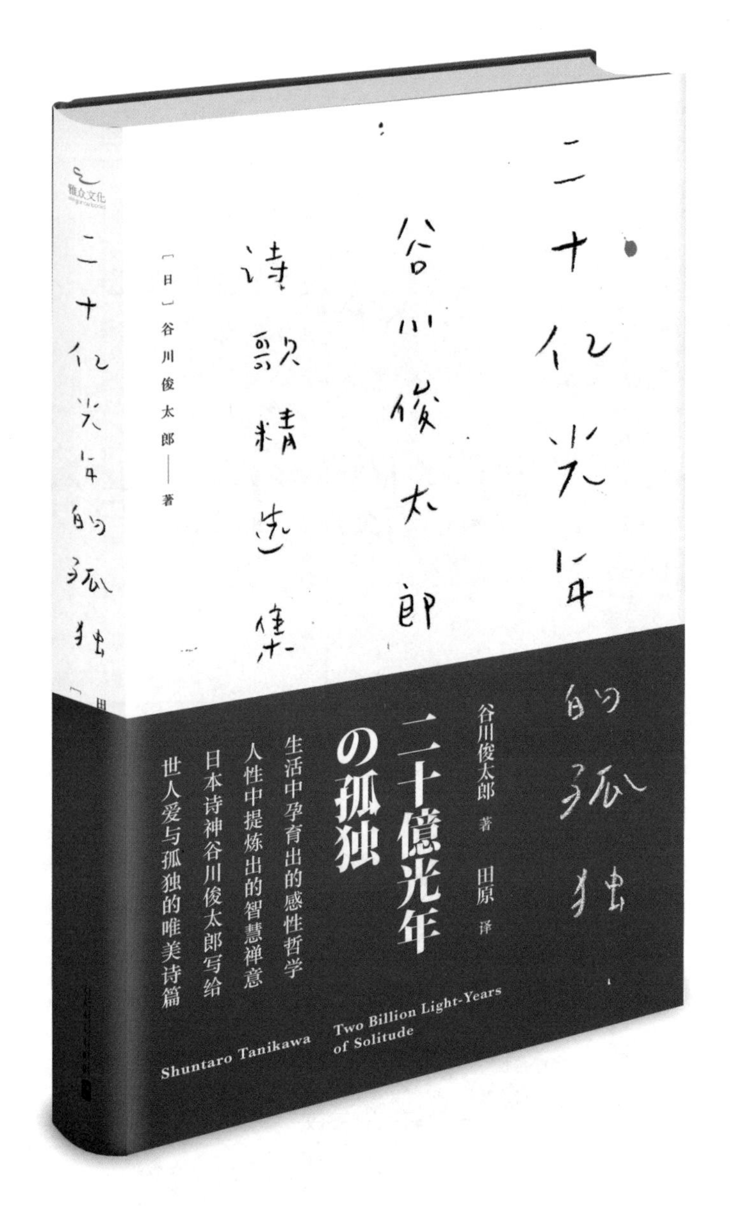

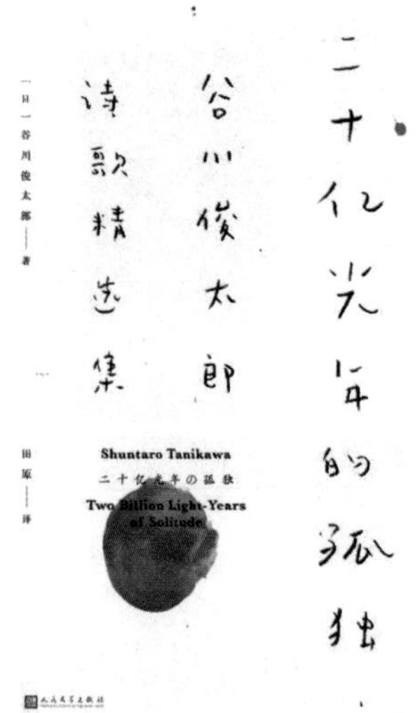

（设计师说）

《二十亿光年的孤独》天蓝色的腰封横跨在白色的书封上，一如谷川俊太郎书写蓝天、白云的纯净。纸张采用素美米白，象征作者以童心写作诗歌的洁白无瑕。设计的淡蓝色墨点仿佛一颗孤独星球，活在自己宇宙中的诗人，哪怕遭遇过战争也从不在诗中表现；和现实世界隔着一段微妙的距离，以孩童眼光看待世界，有着超越战争和社会性的包容。稚嫩大方的手写体书名则保藏了诗人永恒不灭的童心，如同蜡笔画一样的手写线条蕴含着诗歌匠人的朴素和纯质的力量。

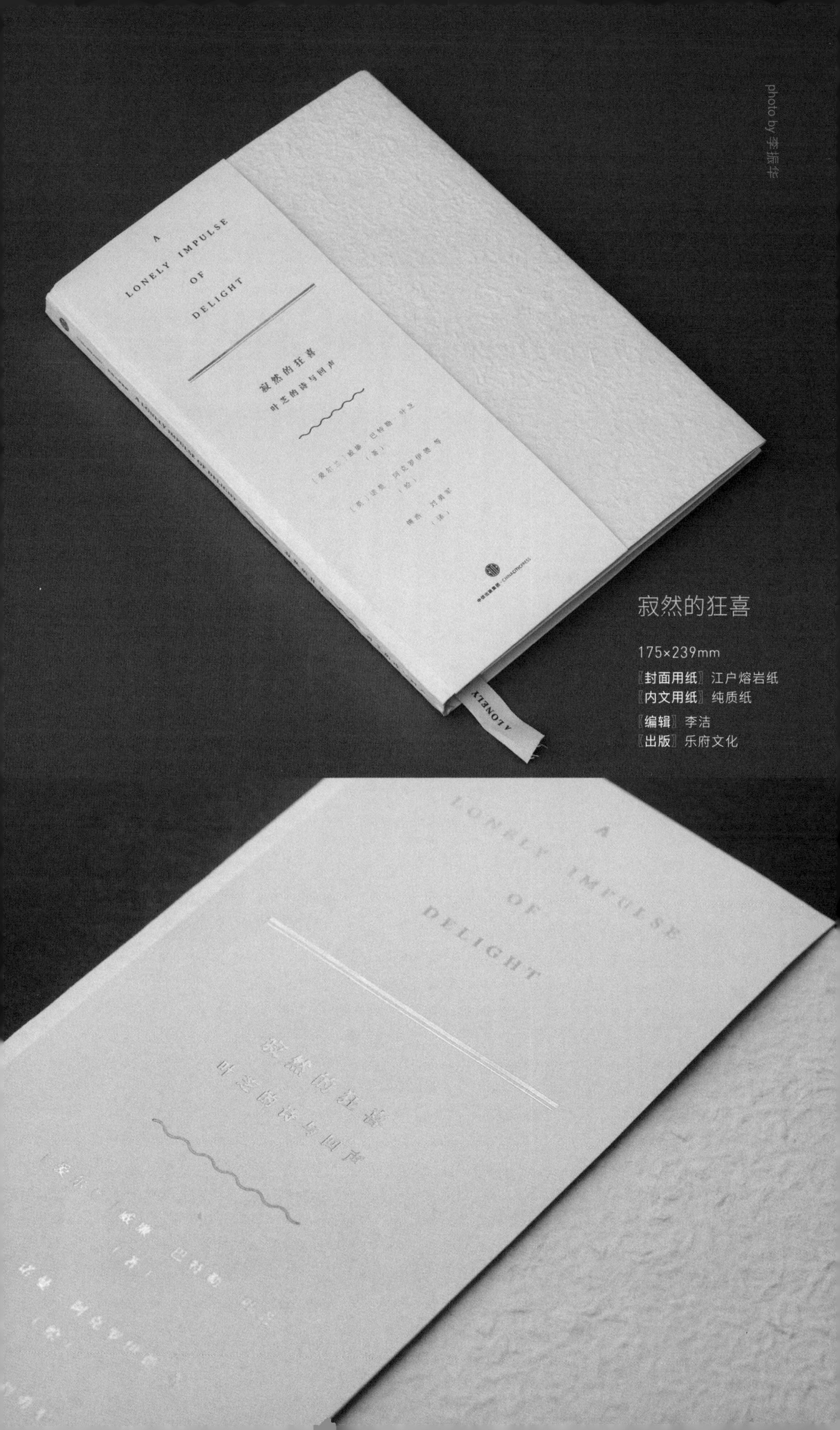

photo by 李振华

寂然的狂喜

175×239mm

〖封面用纸〗江户熔岩纸

〖内文用纸〗纯质纸

〖编辑〗李洁

〖出版〗乐府文化

（编辑说）

在这本书豆瓣销售页面的视频中，有设计师孙晓曦老师的访谈片段。孙老师是《新知》杂志的美术总监。作品曾获 2015“中国最美的书”奖、2016 年亚洲最具影响力设计奖铜奖等。他也是电影《路边野餐》的片头设计师。书籍交给他来设计，我们的思路在于，既然这是一部以艺术回应叶芝的诗歌集，那么设计的艺术化也是一种非常好的回应。

这本书整体上以活页夹的形式设计外封，将书装裱在里面，突出“版画集”的感觉。书的内容是画作和中英文对照的诗歌，因此书籍结构的设计是本书的亮点。将诗歌做成小插页，镶嵌在每幅画作中间，使得版面的阅读立体化，阅读自由化，读者可自行选择先读诗或者先欣赏画作。诗歌的文字与画作既各自独立又相互联系，诗歌部分采用了较薄的纸张，隐约透出下面的画作，画作部分选择带有涂层的一种比较贵的特种纸，达到了诗中有画、画中有诗的效果，并提升了版面的空间感与层次感。

封套特别选用日本特种纸，粗糙而自然的肌理很好地表达了诗与画的质朴和艺术之美。为保持这种质朴之美，封面没有任何印刷，书名信息采用不同色彩的烫印，在不同光线下会呈现不同变化，紧扣“寂然的狂喜”这一主题。

我们用最耗金钱的全手工的方式来做这本书。在封面的印制上，书名等信息用了当下最先进的电雕的方式，将多种颜色同时烫上，非常细致。甚至夹在书中那条当作书签使用的亚麻布的丝带，也是试验数种布料之后的选择。本书采用了丝网印刷技术，将《智慧与时俱来》当一份小礼物印在上面。

白鸟
The White Birds

I would that we were, my b
on the foam of the sea!
We tire of the flame of the
before it can fade and flee;
And the flame of the blue
hung low on the rim of the
Has awakened in our heart
sadness that may not die.

A weariness comes from th
dew-dabbled, the lily and r
Ah, dream not of them, my
the flame of the meteor tha
Or the flame of the blue st
low in the fall of the dew:
For I would we were chang
on the wandering foam: I a

I am haunted by numberles
and many a Danaan shore,
Where Time would surely
and Sorrow come near us n
Soon far from the rose and
and fret of the flames woul
Were we only white birds,
buoyed out on the foam of

A LONELY I

浮现出一片浩瀚无边的大海，那是在清
夜的蓝笼罩着海的蓝，雄浑壮阔的波涛
着诗文的音律。水在我的作品中占据举
征着时间流动的各种状态。在字里行间
远的未知。那些在画面中时隐时现的金
回忆与梦的交织。

雾室成立于 2010 年，由彭禹瑞、黄瑞怡两位设计师创办。追求手感，是雾室作品经常流露的特色。透过沟通与细微观察，将形而上的概念转化成现代视觉的语汇，尝试多种装帧结构设计，如光影的呈现、特殊材质的结合等方式，突破设计仅以平面呈现的框架，让观者在阅读的同时开启新的阅读体验。

I designer

2010 雾室

吃肉喝酒飞奔

145mm×210mm

〖封面用纸〗 品尚轻质纸
〖内文用纸〗 白云胶版纸
〖印刷工艺〗 三面烫书口

〖编辑〗 孟味
〖出版〗 ONE · 一个工作室

（设计师说）

用油画堆砌的方式来体现“粗暴”，颜色由深色往上叠加明亮的颜色，暗指生活也是由许许多多不一样的颜色组合堆积而来的。上颜料时，用刮刀磨平留下有力的笔触，如同“吃肉”“喝酒”“飞奔”一样，简洁利落。

（编辑说）

一个酷酷的女孩子，表达简单地在这个世上做自己的理念，经历过一些挫折、欺骗，也经历过许多浮华、幸运，更加明确了生活信念：真切、简单、勇敢地去爱憎，去过活——细致的“粗暴”，优雅的“鲁莽”。

（ 设计师说 ）

整套书渐层色的变化，如同原子弹落下后，人间瞬间变成地狱，地上满是暗红色鲜血的场景。随着时间流逝，人们结痂的伤口慢慢愈合，太阳也再次升起。

（ 编辑说 ）

《赤脚阿元》是套发表距今逾40年、别具历史价值的漫画作品，不应受到表现媒介或年代的限制。站在编辑的角度，我们很贪心地希望能让更多读者接触到《赤脚阿元》这部作品。因此在设计方面特别请设计师跳脱漫画的既定形式去发想，请他们自由发挥。当初版权方看到封面设计时也非常感动，表示从标准字和素材选择上可以看出设计师对这部作品充满了爱，否则做不出这样的设计。

赤脚阿元

130mm×182mm

〖**封面用纸**〗彩忆 NT 纸
〖**内文用纸**〗米道林纸
〖**印刷工艺**〗U V 印刷

〖**编辑**〗陈柔君
〖**出版**〗远足文化

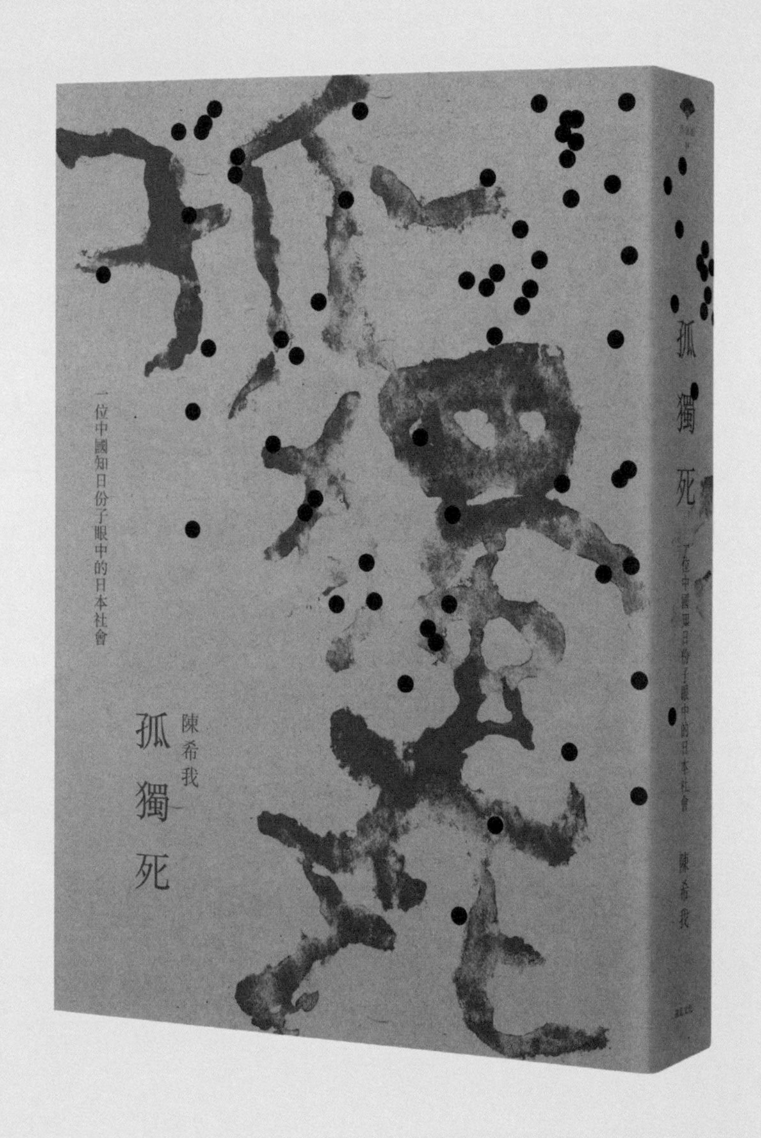

孤独死

150mm×210mm

〖封面用纸〗永丰棉絮纸
〖内文用纸〗米道林纸
〖印刷工艺〗烫黑

〖编辑〗赖虹伶
〖出版〗远足文化

（编辑说）

本书为作家陈希我的日本文化观察，运用泡泡袜、和服、秋刀鱼、忠犬八公、茶道、皇室及河豚等具有强烈日本特色的文化符号与现象，勾勒出日本人的外显行为与内在思维。然而本书出版之际，这类题材于市场上已非稀罕，为求在读者眼中胜出，编辑采用书稿中最耸动、尖刻的一篇——《孤独死》篇名作为书名。一来，切中当下日本最值得关注且待解决的社会问题；二来，孤独死去，其实背后隐含了日本特殊的人际、亲属伦理观念，这些观念不只反映在社会现象中，亦深植于日本人心中。这岂不就是这本书追根究底想要探问的核心吗？

对于设计者来说，从“孤独死”入手，设计搞不好就会走向绝对的恐怖或彻底的负面黑暗，雾室却将如此哀调的题材做了非常具有创意的发想：“孤独死”的字体为尸水渗出的模样，黑点象征腐败尸体引来的苍蝇。从纸纱窗透出的死意，有柔润表象下隐藏残酷真相的意味，也成功传递我们所期待的日式孤绝之美。

一家位于北京的工作室。与艺术家、品牌、出版社等机构在设计与出版领域进行合作，并尝试在其中提供具有探索精神与创造性的视觉方案。

designer

2014

一千遍工作室

棋王 树王 孩子王

阿城文集之一

江苏凤凰文艺出版社
JIANGSU PHOENIX LITERATURE AND ART PUBLISHING, LTD

阿城 著

阿城文集

140mm×210mm

〖封面用纸〗未知
〖内文用纸〗未知
〖印刷工艺〗烫金
〖编辑〗姚姗姗
〖出版〗汉唐阳光

台湾设计师。1988 年毕业于台北市泰北高中美术工艺科设计组。1993 年起在各大报与杂志期刊发表创作插图作品，1996 年以个人工作室承接插画设计与书籍装帧封面设计案至今。

designer

1969 沈佳德

（编辑说）

最早读到作者的投稿，便十分欣喜于晓鹿独特的文学声音，活泼中兼具温柔，充满关怀却不悲情，以细腻的观察为台湾寻常百姓——特别是早一波因战争来台的外省人，与新一波出于经济因素、因婚嫁来台的新住民——的生活留下鲜活的切片。因此在与设计师沟通的过程中，我们都同意不以具象的图片包装这个系列，取而代之是以较抽象的元素设计与纸张，来呈现故事本身与作者笔触的温润和柔软。

（设计师说）

读完《蓝泥般温润的手》与《屋檐下》，书封的氛围随之具象化。我选择以安静的设计形式，搭配珠光闪耀的纸张来呈现。

经过反复地构思整理，最后浓缩成书封视觉最关键的意象。以抽象至几何、纯化至极简的形式来呈现书中主角情感的载体——《蓝泥般温润的手》石家老太太的珍珠琥珀、珠玉般的四个孩子；《屋檐下》凝固郭爷爷情感的四张旧照片。

书中描写的那跨世代丝连的情感与细节，也终将一一被时光捕捉并凝固。将承载情感的对象视为光源并延伸，我以斜阳中氤氲微尘为概念，使对象珠玉与照片曳出各自的投射。投射的拖影同时是一道光，期待可以传达光中充满情感细节的想象，有如斜阳中的微尘。

蓝泥般温润的手 / 屋檐下

148mm×210mm

〖封面用纸〗大亚纸业极光纸

〖内文用纸〗雪面轻涂纸

〖编辑〗张立雯

〖出版〗木马文化

平面设计师。于 2010 年成立工作室，目前主要从事书籍与表演艺术相关的设计工作。书籍类型多为华人文学创作或是翻译类文学小说，曾为多位知名作家如姚谦、太宰治、托马斯·特朗斯特罗默等人之著作设计台湾版装帧。表演艺术方面多为戏剧、剧场类。曾为创作社、非常林奕华、菲利普·格拉斯、罗伯·威尔森等设计表演艺术广告。曾获金蝶奖铜奖。

designer

1979 庄谨铭

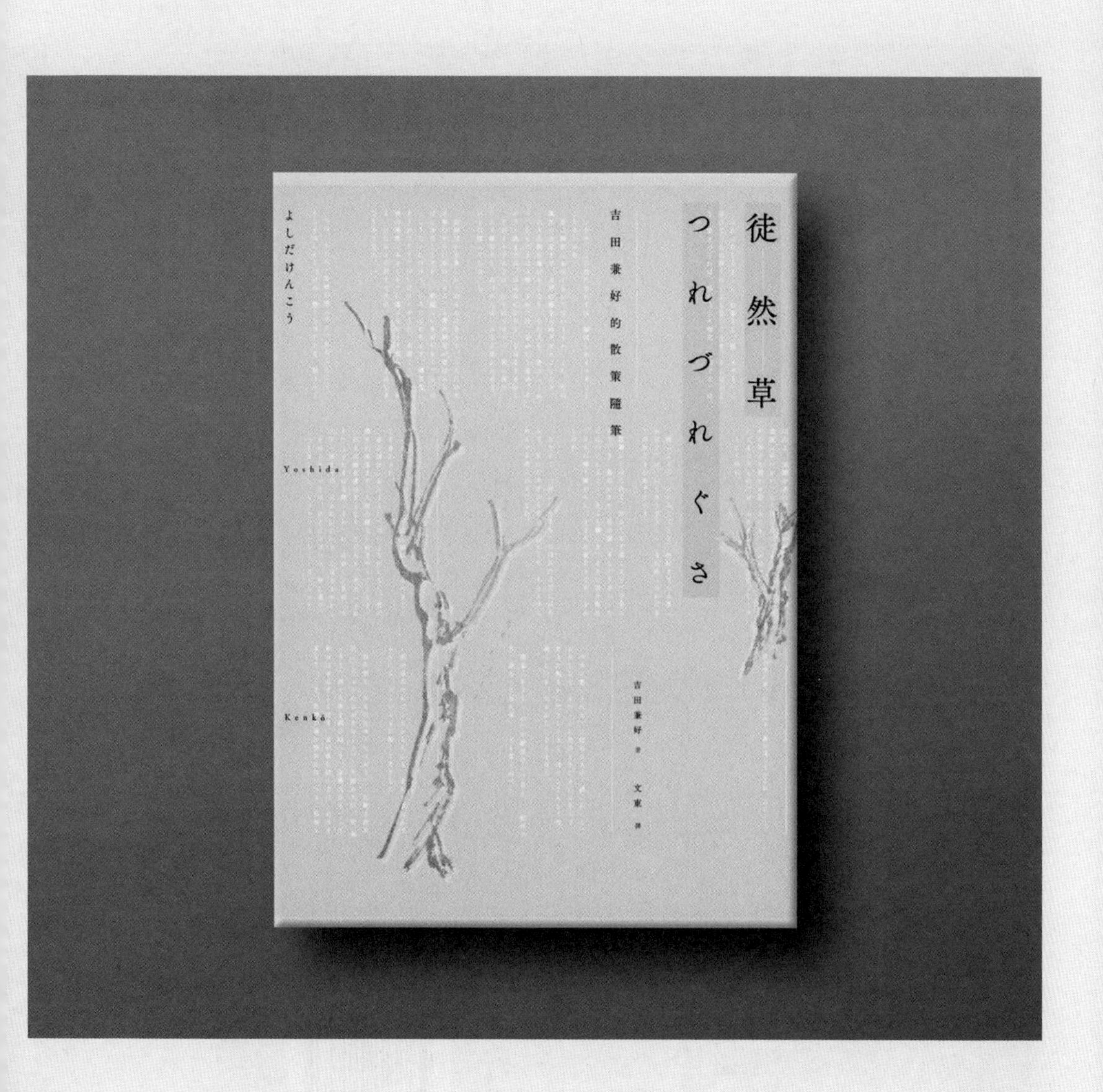

130mm×190mm 徒然草

〖封面用纸〗大亚香草纸
〖书腰用纸〗俪纹纸
〖内封用纸〗永丰灰卡纸
〖印刷工艺〗封面局部烫金箔
〖编辑〗黄玉智
〖出版〗时报出版

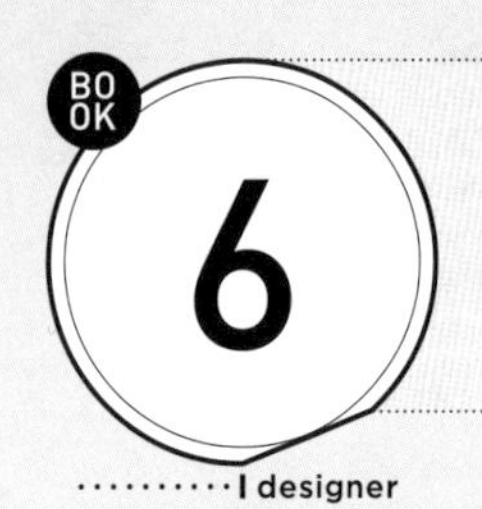

设计师、插画师，籍贯北京，现居上海。曾任新经典文化插画师、读客图书设计总监，现任果麦文化设计师。装帧设计作品：《克苏鲁神话》《中国怪谈》《外婆的道歉信》等。

designer

80后 星野

那描画的面纱，芸芸众生称之为生活。

毛姆以他冷静得近乎刻薄的方式，将一个女人的堕落与觉醒刻画得淋漓尽致——在两个人的世界中，她只能选择爱他或者失去他，以填补心灵的空虚；但当她身处更为广袤的世界，目睹了生活的残酷和人性的光辉之后，才真正获得了心灵的宁静和对自我的救赎。

经典小说 | 外国文学

ISBN 978-7-210-08283-5

9 787210 082835 >

定价：39.80 元

面纱

140mm×200mm

〖封面用纸〗珠光纸
〖内文用纸〗瑞典轻型纸
〖特殊工艺〗英文字体烫白／中文字体烫亮黑

〖编辑〗吴涛
〖出版〗果麦文化

" ... THE PAINTED VEIL WHICH THOSE WHO LIVE CALL LIFE "

（设计师说）

毛姆是个对“隐喻”爱到偏执的作家，而《面纱》的意义，本身就象征着许多东西，正如生活展现出的千般面貌。于是强调“隐喻性”自然成为了这个封面的关键要素。

老书会在新的时代不断地被翻新、重读，新版的设计要让这本书从内到外散发出美感。考虑人物所在年代背景与主角特性，我认为《面纱》故事最精彩的部分就是女主人公的“转变”，她在书中的生活环境发生了极大的变化，从上流社交圈，到瘟疫肆虐的贫困地区，环境的改变多少都会导致了一个人思想的转变、意识的苏醒。因此我决定亲自绘制封面插画，画中的她迷茫、身处罪恶而浑然不觉。封面采用珠光纸，单调的素描印刷在珠光纸上，光源下看，画面中可显现柔美的星星点点。

为了让读者的阅读体验延伸到内文部分，特意使用牛油纸作扉页，上面只放一句话，第二张衬纸是处理过的封面女性画像，她在牛油纸

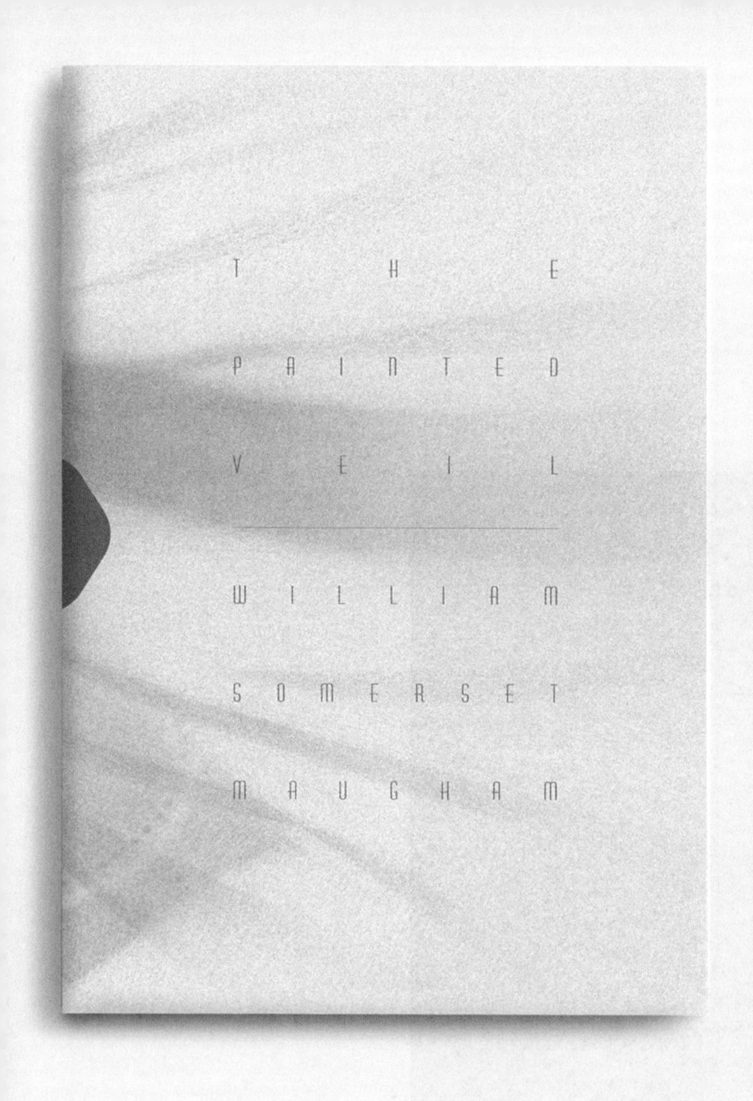

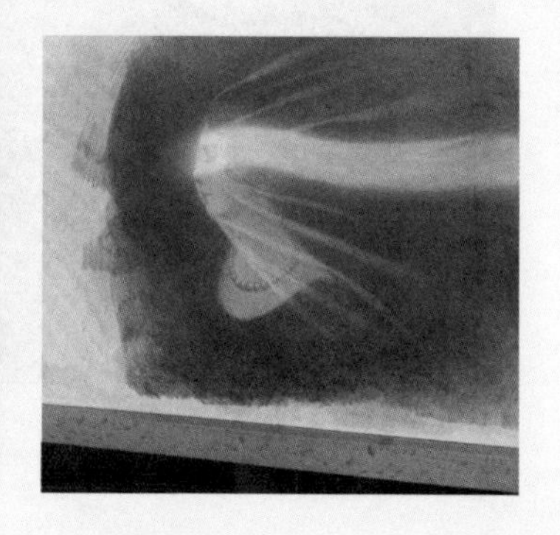

下若隐若现。内文采用柔软的瑞典轻型纸，纸质松软，色度舒适，与书的整体的柔和调性相融，翻开扉页，揭开面纱，故事开始。

我很喜欢这个故事，在某个时期，阅读它曾带给我很多启发。毛姆说得没错，生活本身就是一个巨大的“隐喻”。

（编辑说）

我实在很喜欢《面纱》，所以在做书之前就想着，要做出让毛姆也会喜欢的版本。毛姆是个深度中毒的“隐喻爱好者”，所以整本书里里外外藏了不少精心的设计。封面同样遵循了“隐喻”的概念，是凯蒂在揭开“面纱”，即将看到生活不同的颜色前的写照。

雪莱说，“别去掀起那描画的面纱，芸芸众生称之为生活”。有时，真相未必要揭开才可知，那窃窃私语的隐喻已经道出了七分。

生于台北，2012年成立白日设计至今。专注于以平面视觉为主的设计领域，包含书籍装帧、表演艺术视觉、包装视觉、识别视觉规划等。擅长以手绘与自然质感的组合构成，认为通过双手创造，比起一味倚赖电脑的方式更能为作品注入灵魂。

designer

1979 **徐子伟**

剃刀边缘

148mm×210mm

〖封面用纸〗黑纸
〖内文用纸〗未知
〖编辑〗巫维珍
〖出版〗麦田文化

（设计师说）

也许《剃刀边缘》本来就不是一个结果论的故事，所以过程之中总是会有许多似乎不合逻辑之处，但却又能让人反思自己的现况——要是发生在自己身上，自己会怎么做？小说阅读起来非常耐人寻味，因此我想从主角及他所处社会的对比切入，加上故事其实并不复杂，所以设计上也尽可能用最简单易懂的方式呈现。

“不随波逐流”是主角在这本书里最鲜明的个性，我想到以布满同一方向的线段、再掺杂一个反方向的线段来表现。远看一样都是线段，近看却是那么的格格不入，就像主角在巨大的世俗洪流中努力追求理想的特质与勇气。书衣则是直接选用黑纸与特色银来做对比，极简的配色也能让主题更鲜明地跃然纸上。

设计者、创作者、工匠。擅长台味拼贴、记忆装置、装帧设计。喜爱逛跳蚤市场、二手书店，期待在“全球化”与“本土化”之间，走出一条适合自己并可长久走下去的路线。著有《不连续内存》《PLAY 纸标本：听黄子钦说封面故事》《设计嘴泡 · 新台客》，合著《暴民画报》。1996 年至今陆续以保丽胶为封存素材，借着旧物书刊与老照片，凝固过往记忆，从而创造出疗愈的空间，赋予全新的意义。代表性作品展有 2002 年“固体记忆”、2007 年“流浪教室”、2008 年“日常枯槁”、2012 年“破音大王”视觉装置展与 2016 年“台本”实验展。

designer

1970

黄子钦

设计嘴泡 · 新台客——台湾当代设计风格对话

170mm×230mm

〖封面用纸〗单光白牛

〖内文用纸〗御旨轻涂

〖印刷工艺〗搭配纸胶带，延伸内封带状图案

〖编辑〗李清瑞

〖出版〗群星文化

（设计师说）

封面上使用台字纹，将“台”字拆成上下正反的三角形，拼组成菱形，也将人名拆解组合其中，让版面有种“博弈”“绘双六”的连续展开感。救生圈的图案暗示台湾是个海岛。封底文字“我们就是，台湾的模样”搭配的是较为稀松的台字纹组合，中央位置隐约呈现了“台”字。

使用毛边本的形式，让读者体会纸本书翻阅、撕开时的纸张语言，参差不齐的页面，也让图片周围的留白产生变化，让每一本书都有不同特色。

内封与扉页使用庶民拼贴，用横式带状图案，把底层生活的喜怒哀乐，同时由左右开展，搭配本书可左翻右翻的两种内容。这些庶民拼贴也制成四款纸胶带，跟书一起贩卖。

2010 年毕业于台湾景文科技大学视觉传达设计系，2013 年三件作品入围“GDC13 平面设计在中国”，2014—2015 年数件作品入选《APD 亚太设计年鉴》（Asia-Pacific Design），2016 年入围金蝶奖。现从事书籍装帧、展演视觉、视觉识别等平面设计事务。

designer

蔡佳豪

1986

148mm×210mm　听洪素手弹琴

〖封面用纸〗大亚乡村
〖内文用纸〗永丰余雪白画刊
〖编辑〗曾药筑
〖出版〗人间出版

我的朋友安德烈

148mm×210mm

〖**封面用纸**〗大亚乡村
〖**内文用纸**〗永丰余雪白画刊
〖**印刷工艺**〗烫黑

〖**编辑**〗曾菂筑
〖**出版**〗人间出版

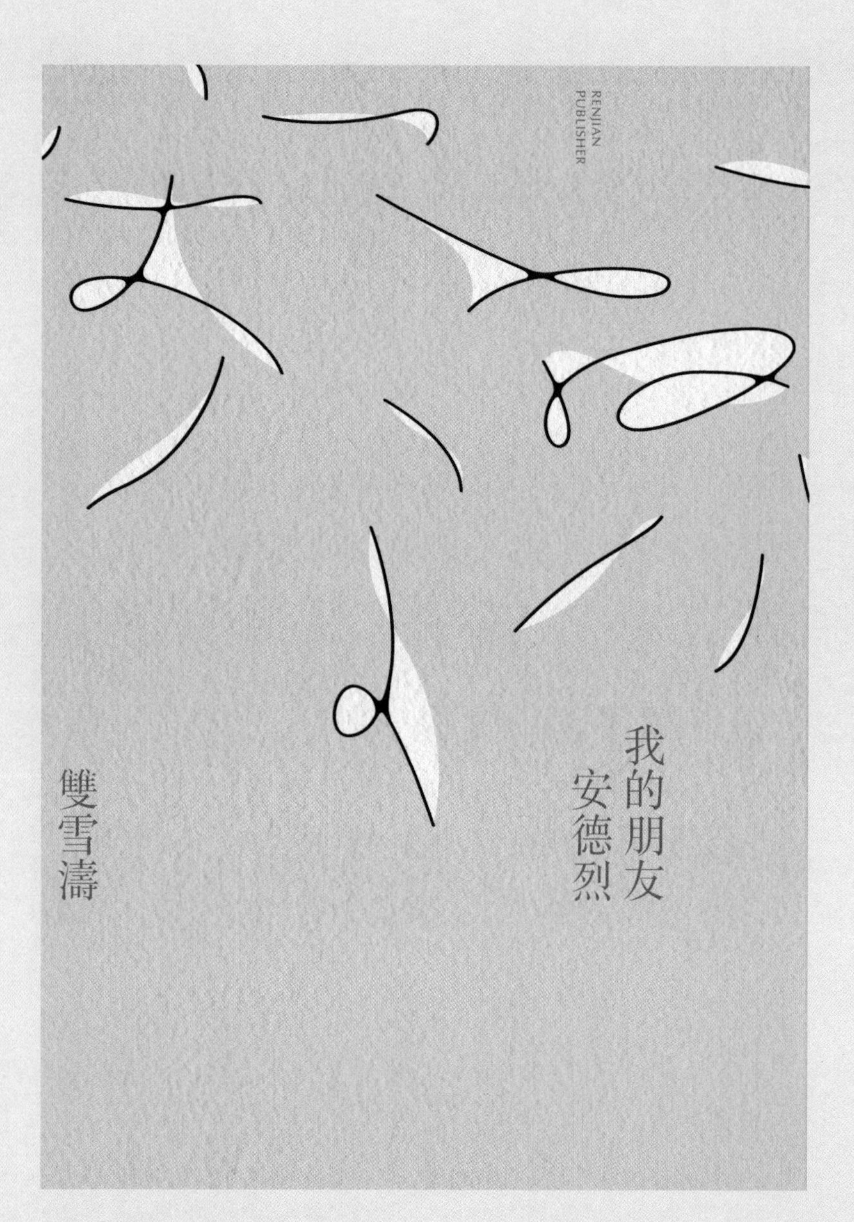

（设计师说）

小说中提到，课堂上安德烈在黑板写下名字，主角形容“字极难看”“好像黑板上爬满了肥硕的蚯蚓”。有人认为笔迹可以探究一个人的内在或特质，这偏向是基于理性的分析，而就美术设计的感性角度来看，安德烈歪斜的字迹，正好可呼应他奇特的性格，以及变调的人生经历，因此我画了散乱扭曲的“安德烈”三字，作为这个角色及故事的写照。

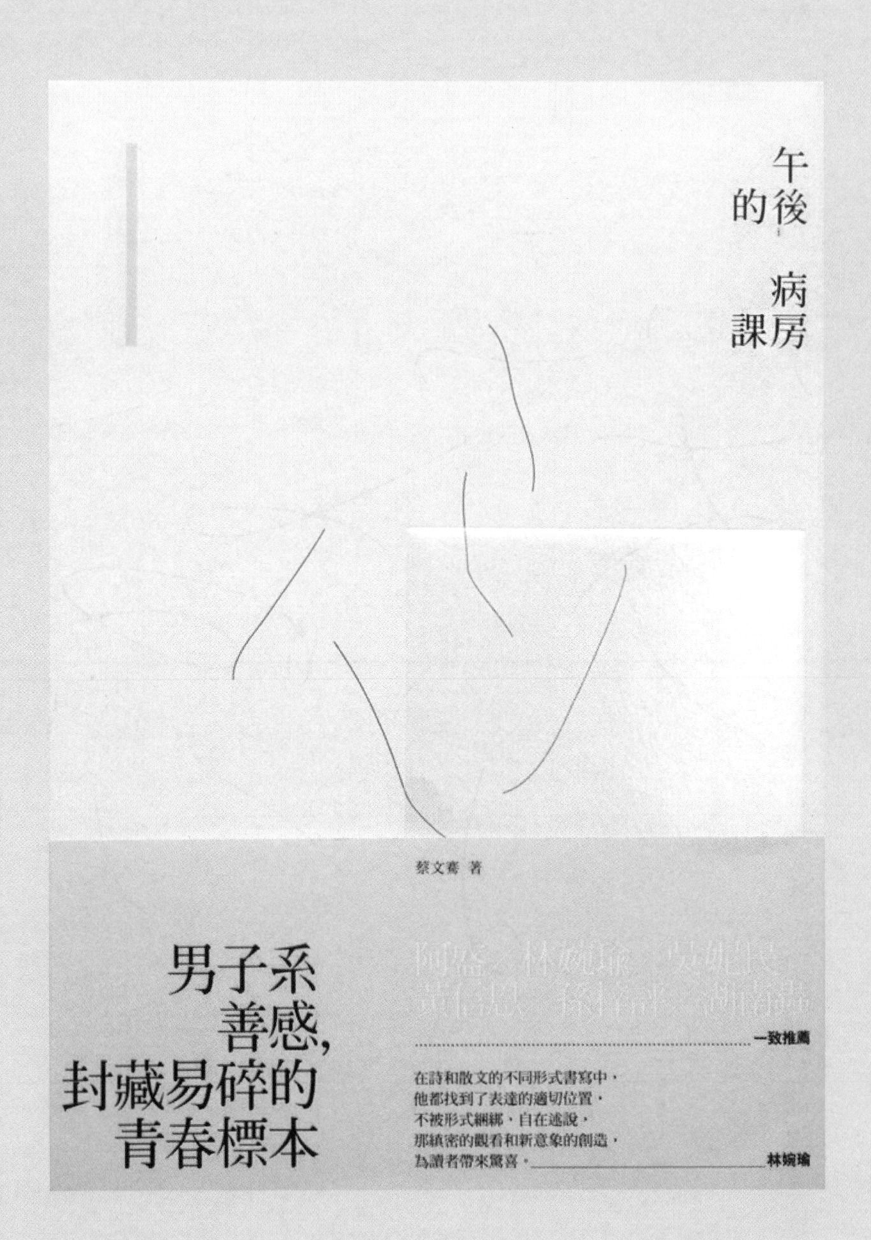

午后的病房课

148mm×210mm

〖**封面用纸**〗大亚乡村

〖**内文用纸**〗米道林纸

〖**印刷工艺**〗烫珍珠箔

〖**编辑**〗罗珊珊

〖**出版**〗九歌出版

（设计师说）

作者任实习医生时遇到一位有帕金森氏症的病人，说话结巴写字也不清楚，但他依旧努力辨识其歪斜的字迹才顺利沟通，并因他感激的回应有所体悟。

歪斜的笔迹除了是此事关键，也有“课”的联想，就成了转化至封面的元素之一。

烫珍珠箔的方形则是玻璃窗的抽象形，源自对病房场景感性的描写：“拉开百叶窗帘，夏日午后强盛的热度穿透了密闭的玻璃窗，让长年由中央空调控制、病人总是抱怨太冷的病房慢慢温暖了起来……转身我看见同学们身上的白袍，在阳光下反射出来的，除了当初厂商为求纯白的视觉效果而加入的大量荧光剂，还有某种小小而温柔的光辉。”而选择珍珠箔则是希望它相对特殊的光泽可以多少捕捉到那“某种光辉”的意味。

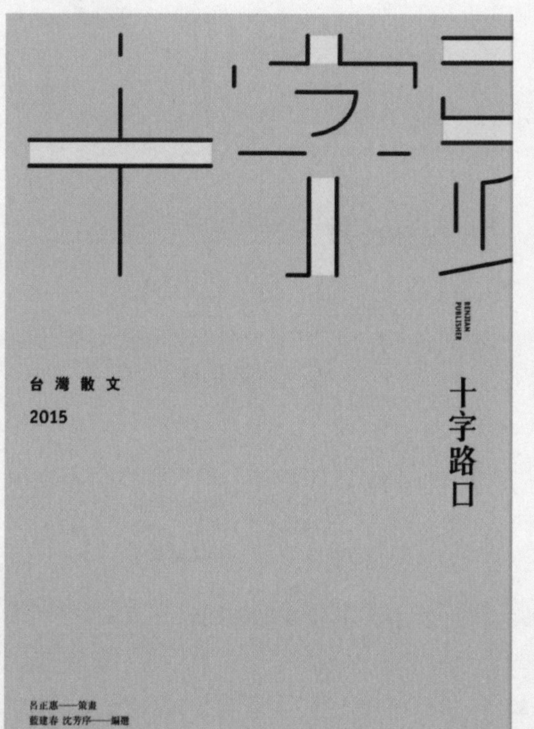

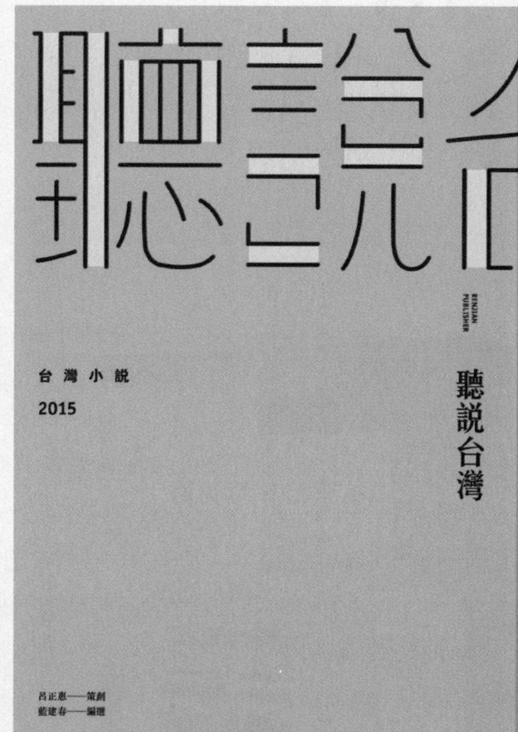

十字路口：台湾散文 2015

听说台湾：台湾小说 2015

148mm×210mm

〖**封面用纸**〗源圆雅风纸

〖**内文用纸**〗永丰余雪白画刊

〖**编辑**〗蔡钰凌

〖**出版**〗人间出版

平面设计师，工作范畴包括字体、编排、印刷等设计事务，作品横跨品牌规划、书籍装帧与活动形象等平面领域。作品曾入选 Tokyo TDC、Red dot、Brno、Output 等国际竞赛，同时为 2009 台湾海报新星奖金奖、2011 台湾国际平面竞赛本地新秀奖、2014 台湾新锐商业设计师、2016 金蝶奖银奖得主。2011 年成立设计工作室 Liaoweigraphic，专注各项视觉设计制作物，工作领域涵盖艺文展览、品牌识别、书籍装帧与活动形象，于 2016 年被 Shopping Design 杂志选为 TOP 100 年度最佳设计师 / 设计团队。

designer

1986 廖韡

私密信件博物馆

190mm×260mm

〖**封面用纸**〗新浪潮纸
〖**内文用纸**〗雪白画刊纸
〖**印刷工艺**〗烫金、书盒 UV 印刷 + 手工贴贴纸
〖**编辑**〗林欣璇
〖**出版**〗脸谱出版

（设计师说）

自古至今，信件书写一直是人类传递讯息的重要途径。写信，留下的不仅只是讯息，还有纸张的触觉、笔墨的气味与收折胶贴的痕迹，是一种相当个人化的仪式，因此收到书稿之后便透过书名讯息将设计拆解成两个主轴：私密信件是隐密的、非量产的、手工感的，而博物馆则带有保存与收藏的经典意味，希望将两者的特征糅和至《私密信件博物馆》整体装帧之中。

历史信件走入现代读者的书柜中，编辑部初始即提出了以盒装的方式包裹投寄，选择以共同记忆中的牛皮卡裱贴成型，并将信封、信纸上的各式标签与手写笔迹自原始对象抽离、拆解再重组，先层层白墨后叠印四色，金属烫箔档案字段与刀模贴纸（光滑与模造两款）手工裱贴，八个不规则的邮戳压印，使其成为一个仿佛真正存在的包裹。

书衣选用书中信件交叠拼贴处理，挑选各式不同规格与造型的信纸，搭配精致烫金文件档案框，希望在充满隽永味道的信件中还有博物馆馆藏收纳的规则化与精致感，印刷上选用手感细致的日本新浪潮纸（恒成）印上国际信件邮筒般的颜色，衬着承载不同记忆的数封私密信件，也让书衣在不同元素下呈现延续书盒的设计调子。内封则是将全书中的签名笔迹罗列，这些名字也是这本书的另类作者，将他们藏入设计细节之中。

最后编辑与设计师共同选出几封历史信件作为配件，内含搜罗自这个世界的复刻历史信件与神秘空白信纸套组（附信封），期待读者阅读完毕后也提笔写下属于自己的私密信件，与这 125 封私密信件一同描述属于我们的美好年代。

photo by 廖 韓

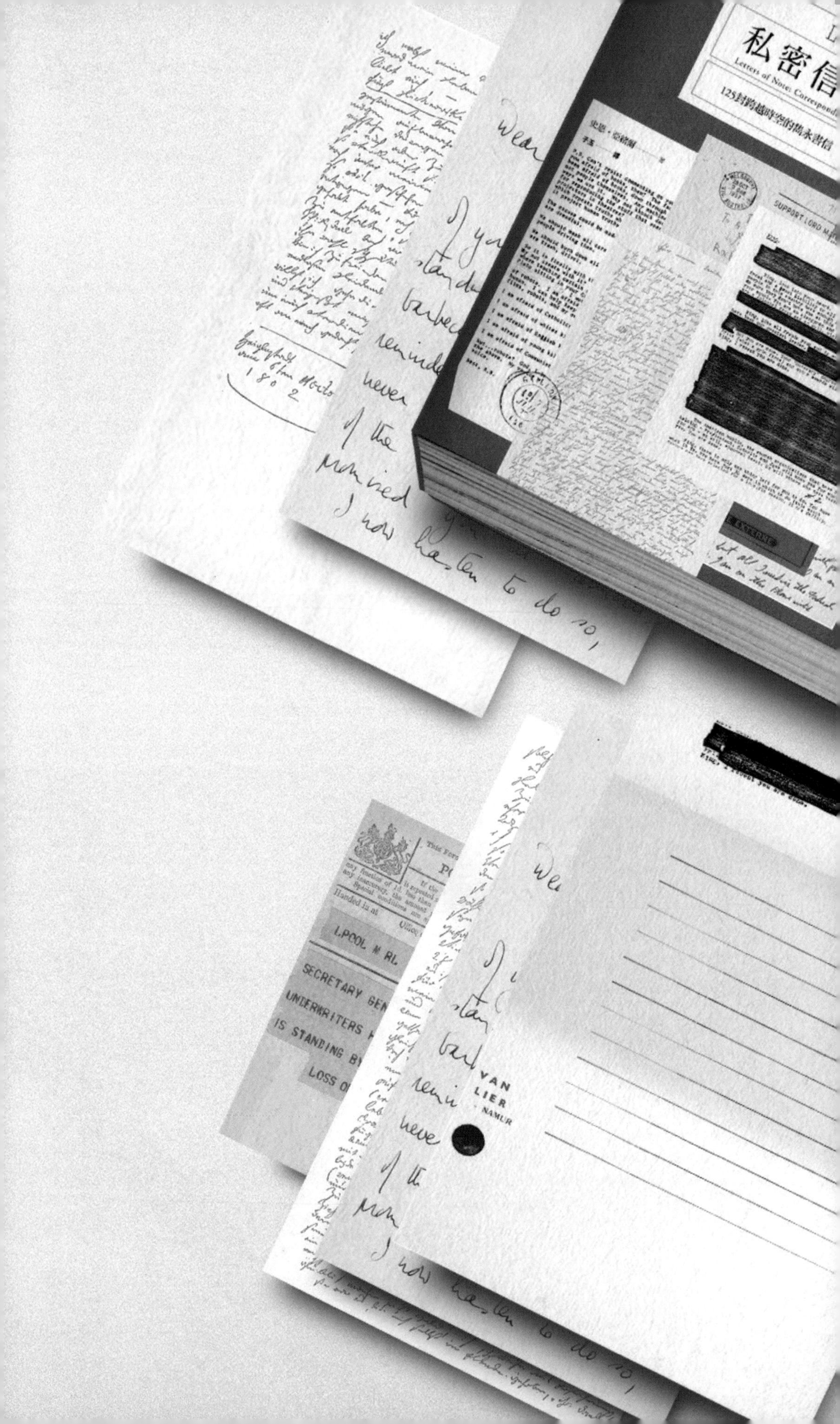
私密信
I now hasten to do so,
SECRETARY GEN
UNDERWRITERS
IS STANDING BY
LOSS OF
VAN
LIER
NAMUR

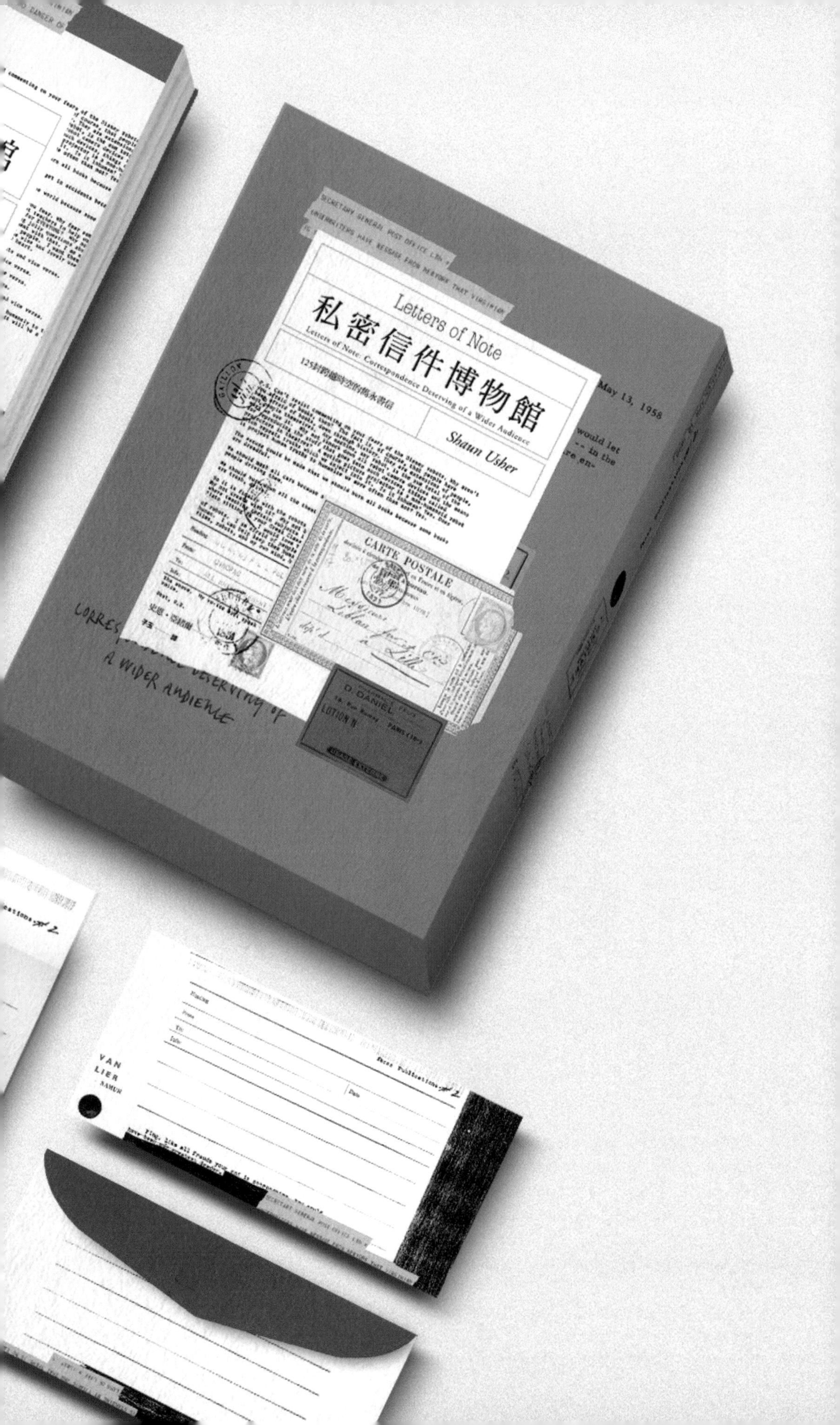

不同版本的我们

148mm×210mm

〖封面用纸〗雪柔纸
〖内文用纸〗米漫纸
〖编辑〗林欣璇
〖出版〗脸谱出版

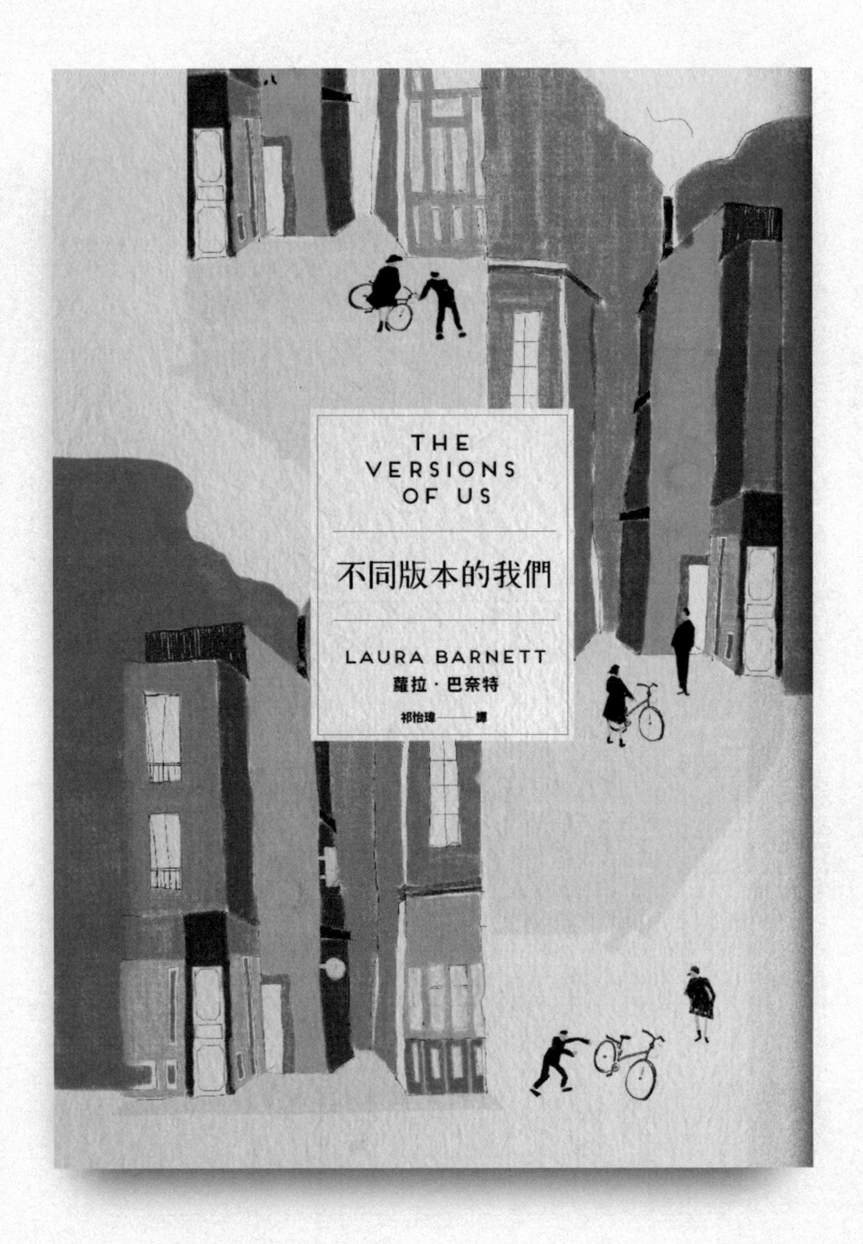

（设计师说）

其实我们在生活中都常想着："早知道就……"，每个路口的决定会影响接下来的方向，只是人生是单线道，无法得知不同的选择后的结果，而这部小说就是完成这份妄想，将不同的人生版本浓缩在单一纸本里。

讨论之初，编辑即提出了完成这份想象——也就是双版本的概念，同样的文本内容被不同的视觉包裹，很切合书中的主题，但在双版本中我们希望维持系列性，有共同的元素才得以构筑并形成不同版本，因此决定以一张大海报，两面翻折的概念作为装帧上的主要结构，读者可以在同样的阅读过程中获得不同版本的感官变化，视觉一体两面，让读者实际感受到不同版本的体验。而这两个版本，分别命名为"初始"与"转捩"。

结构确认后，编辑提出了一些故事情节与场景提案，相同的人物可能在不同的场域发生不同事件，有点时光平移的概念，因此在"初始"版本中我们将故事的三个不同起端合并在一个空间内，并以带有手感描绘的插图带来些异国风格，

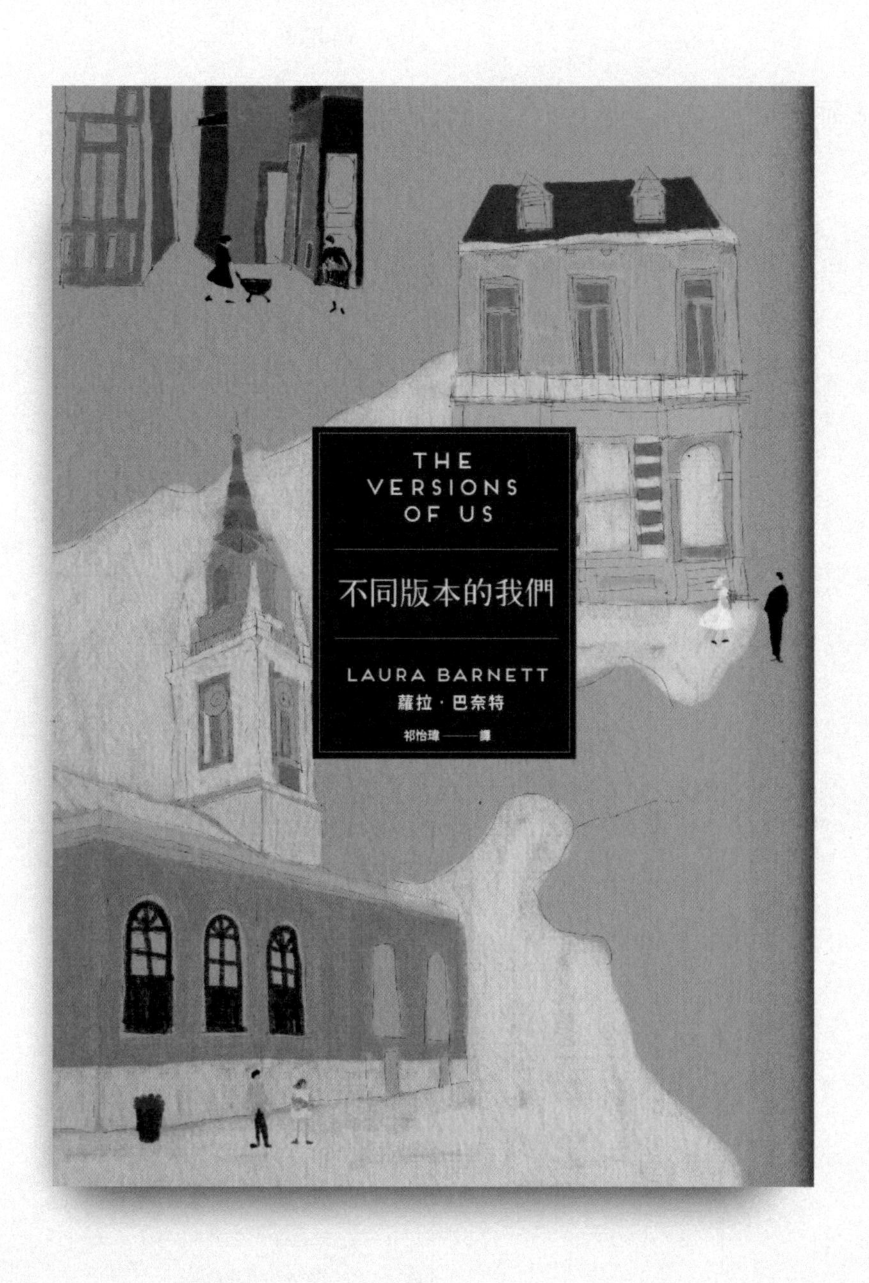

刻意保留些许草图笔触与擦痕，是设计师出于对版本留下痕迹的追求，并将插图蔓延至整张书衣，封面文案以方块包裹，编排刻意简洁，让图与文间界线明确且不互相干扰，并延伸至“转捩”版本中。

呼应“初始”版的起点，在“转捩”版中以结尾为题，一样省略空间轴线概念，将不同场域浓缩在同一个景致里，并带入花束颜色等细节，轻微地去呼应故事情节，隐隐藏在细节之中。两个版本一亮一暗，带来系列性的交错落差，也象征着时间演进的天色浓淡。

印制上挑选表面带有凹凸起伏纹理的雪柔纸印制，手绘线条与斑驳墨色压在美术纸上更带有颜料的原生感，值得一提的是：我们特别绘制了不属于两个版本的另一个单色场景，隐身在翻开封面后的扉页，是不属于两个版本封面的特制插图，毕竟，谁知道人生会不会还有另外一个版本的隐藏故事呢？

URA BARNETT

Author photograph © Sarah Lee

者｜蘿拉・巴奈特｜作家、記者、劇評家，曾任職於《衛報》及《每日電訊
》，現為自由接案藝術線記者及專欄作家，文章散見《衛報》、《觀察家
《玩樂誌》及英國其他各大報章雜誌。《不同版本的我們》是巴奈特第一
說，使她一躍而為文壇新星，與先生及愛貓同住倫敦，正著手創作

艾娃和吉姆相遇的時候，他們才十九歲，還是劍橋大學的學生。一場腳踏車意外，開啟了兩人後半生的故事。

格局本身就很討喜，技巧達到天衣無縫之境，絲……人感動。——《衛報》珍妮・寇根

巴奈特以溫馨沉著的文字呈現一個令人無法……故事書，但你卻能一次擁有每個選擇的樂趣……

寫得很好，手法靈活又不斷出人意表。……讓你不斷想「如果……呢？」……一路揪住你的……

《不同版本的我們》……層次豐富又妙趣橫生……獨一無二。——《星期日快報》伊莉莎白・……

城邦讀書花園 www.cite.com.tw
臉譜
FR6539 NT$380 HK$127
建議陳列書區：文學小說．英國文學
ISBN 978-986-235-511-4

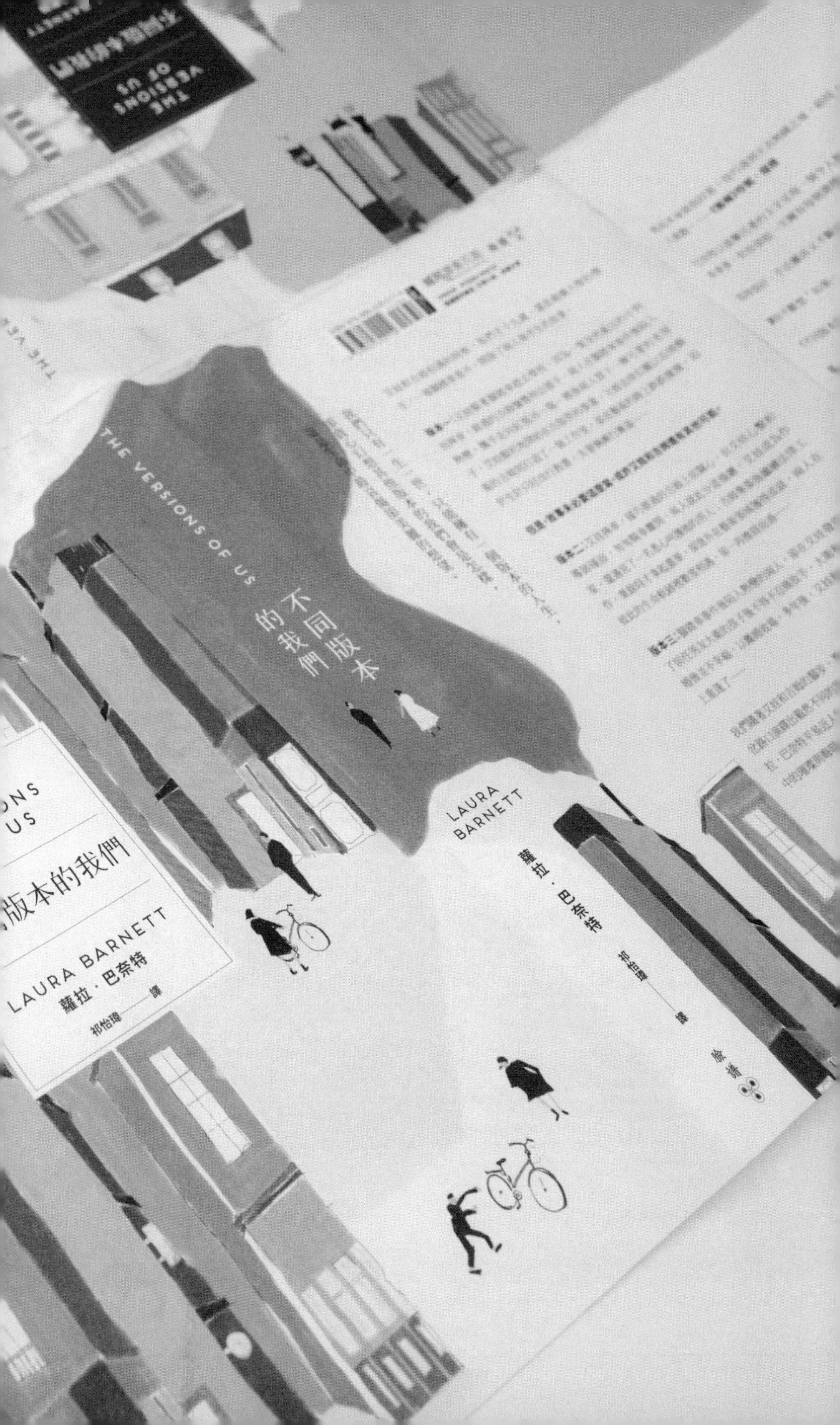
THE VERSIONS OF US
不同版本的我們
LAURA BARNETT
蘿拉・巴奈特
祁怡瑋 譯
LAURA BARNETT
蘿拉・巴奈特
祁怡瑋 譯

148mm×210mm ………………………………… 飞行的奥义

〖封面用纸〗环保再生冷月纸
〖内文用纸〗米色道林纸
〖印刷工艺〗手绘线条烫（亮黑）
〖内文字体〗华康明体

〖编辑〗顾立平
〖出版〗脸谱出版

Skyfaring:
A
Journey
with
飛行的奧義
時間、地理、科學，
詩人飛行員
探索天地奧祕的
自然觀察
臉譜書房
FS0059
Skyfaring:A Journey with a Pilot
飛行的奧義
時間、地理、科學，
詩人飛行員
探索天地奧祕的自然觀察
《紐約時報》年度百大注目好書
艾倫・狄波頓、松浦彌太郎(日文版)盛情推薦
《經濟學人》、《華爾街日報》、《衛報》、《GQ》雜誌、「彭博社」——各大媒體2015年度好書
《看見台灣》導演／空中攝影師 齊柏林｜作家 蔡康永……………好評讚譽
「媲美聖修伯里的空中詩人……」
「《夜間飛行》之後最精采的飛行之作」

（设计师说）

跳脱具象的飞行元素，以手绘的流动烫黑线条寓意飞行旅程，也意喻思绪的流转，从正面延展至背面的线条延伸了视觉方向；正面和背面的小比例飞机，为整体构图画龙点睛。书衣选用富有手感、色彩柔和的纸张，纸纤维间不规则分布的小片银光，随着视线角度闪现光泽，蕴含诗意和想象，映衬作者跃动于纸页上的如诗文字。

台湾中原大学商业设计学系毕业，曾任平面设计师，现为个人接案的书籍、zz'z平面设计师。喜爱印刷厂的老师傅们与油墨味，向往有一天能够回到故乡为家乡做些什么。

designer

1988 万亚雳

擂台旁边

148mm×210mm

〖**封面用纸**〗奇艳纸
〖**内文用纸**〗未知
〖**编辑**〗张桓玮
〖**出版**〗麦田出版

擂台旁边

（设计师说）

《擂台旁边》以摔角为全本小说主轴，擂台上的选手厮杀对战，亦暗藏故乡正在更迭的事实。在发想和进行设计的过程中，同时会打开电视转至 Z 频道，摔角手的嘶吼声、播报员激昂的旁白与裁判全力拍击地板的催促声之下，孕生了此封面设计。

封面以直观的摔角手形象确立“摔角”的存在与分量，直接点出书籍主题；反转镜像的人物，是化身为人民的摔角手，还是化身为摔角手的人民？

纸张选用不论显色或触感都到位的微涂布奇艳纸，象牙纹内敛地分布于纸张表面，如同作者的文字——鲜明字句中蕴藏着内敛情感。印刷含有些微暖色调的正色红 199 和重黑 888 油墨，纸张与油墨的搭配使整体书封色度饱和且扎实。最后将中、英书名烫上亮黑膜。这是属于每一个人在自己擂台上的光与热。

BOOK 12

designer

徐睿绅

1989

台湾平面设计师。曾任职于自由落体设计公司、奇想创造集团。现为 XUXGraphic 工作室负责人、《VOP 摄影之声》杂志设计师。专职于书籍装帧设计，并与台湾、香港出版社合作出版。

ANCE OF THE THREE KINGDOMS ■ THE JOURNEY TO THE WEST ■ A DREAM OF RED MANSIONS ■ OUTLAWS OF THE MARSH
取經的卡通神怪之旅
一〇八好漢忠義豪傑
穿越大觀園絕美愛情
三國演義
西遊記
水滸傳
紅樓夢
名家編撰
典藏版
時報出版
4712966621071
NT$1000

紅樓夢
三國演義
取經的卡通神怪之旅
西遊記

经典文库：四大名著套书

148×210mm
〖封面用纸〗细纹映画纸
〖内文用纸〗雪面轻涂纸
〖编辑〗林芳如
〖出版〗时报出版

（设计师说）

经典文库，乃时报出版从《中国历代经典宝库》精选四辑经典收录，分别为《红楼梦》《三国演义》《水浒传》《西游记》，合称中国文学四大奇书。设计方法由“色”“像”“式”三回着手，设计奇幻之旅就此展开。

第一回——色

现实中文学的描写是白纸黑字，而情节、人物的色彩生成在读者脑海，借由颜色引导读者，建立对经典想象的第一步。色彩计划从民间传统萃取：蕊黄、柿红、丹红、女红、蟒绿、雀蓝六色，通过撞色（色彩学中的对比）方法将传统色组合搭配，蕊黄＋雀蓝、柿红＋雀蓝、女红＋蟒绿、丹红＋蟒绿分别依序作为《西游记》《水浒传》《三国演义》《红楼梦》代表色，色彩在文学中有其象征，例如：《红楼梦》中的贾宝玉衣着上身与下身的配色即是大红配上蟒绿，大观园中的芭蕉与海棠。文学中的红与绿屡见其中，文学的色彩是对生活的观察，最美的配色在生活中。

第二回——像

像，乃经典千千万万字，历历幕幕的精炼后之“像”，从文转图像的过程寻求经典的精神。华人自古敬天尊地，自然是文化的基石，取“山”“石”“桃”“云”对应经典中的“梁山”“石头记”（《红楼梦》又名《石头记》）“桃园三结义”“筋斗云”，从书中寻找符号再次赋予经典故事一个新的诠释。

第三回——式

式，即“样式”“格式”，文与图组合构成“式”，副书名是对经典的新见解，秉持着对文字的阅读与想象，用强烈对比配色突显文字内容的活泼，偌大的字体同时将这份生动放大，利用书系 Logo、英文书名、作者、出版社 Logo 在书封四角装点，犹如字画落款，显见鲜明的封面重新勾起了年轻读者对经典的兴趣与好奇，即使与众多其他版本的古典书籍同时摆在架上，也能一目了然。新一代副书名与经典书名并列。

终回

借由这次时报出版精选经典再版计划，重新颠覆读者对中国古典文学印象，不落俗套，旧雨新知体验阅读经典带来的奇幻、浪漫与想象，重游大观园，四请诸葛孔明，又闹龙宫 72 变，再见 108 好汉。

平面设计师。2014 年开始从事设计工作，2017 年成立山川制本 Workshop。作品涵盖图书装帧、唱片包装、品牌设计与独立出版项目，坚持个性与商业并存的装帧设计。

designer

1995 山川

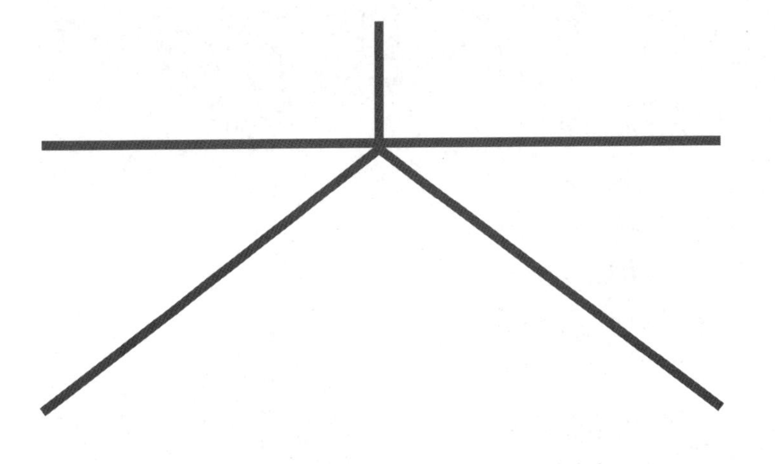

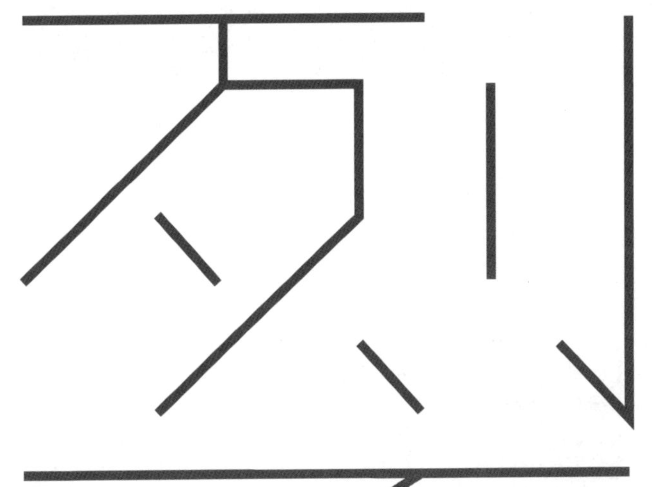

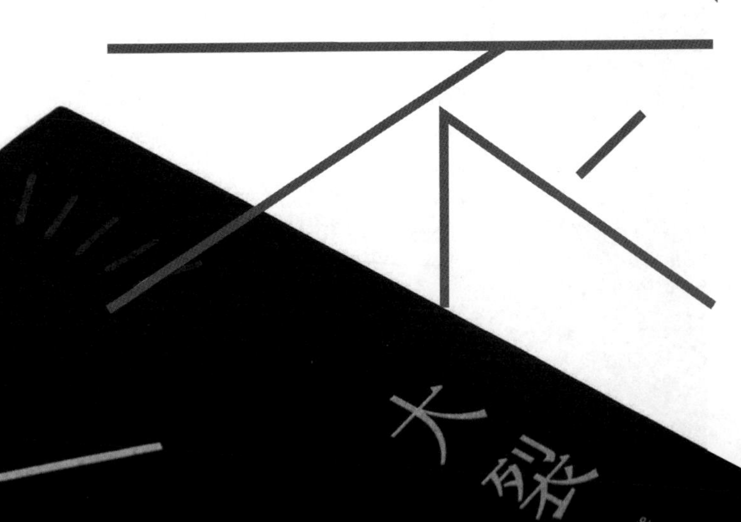

大裂

145mm×210mm

〖封面用纸〗黑卡
〖内文用纸〗轻型纸
〖特殊工艺〗全幅印银／电化铝工艺
〖编辑〗王抗抗
〖出版〗华文天下

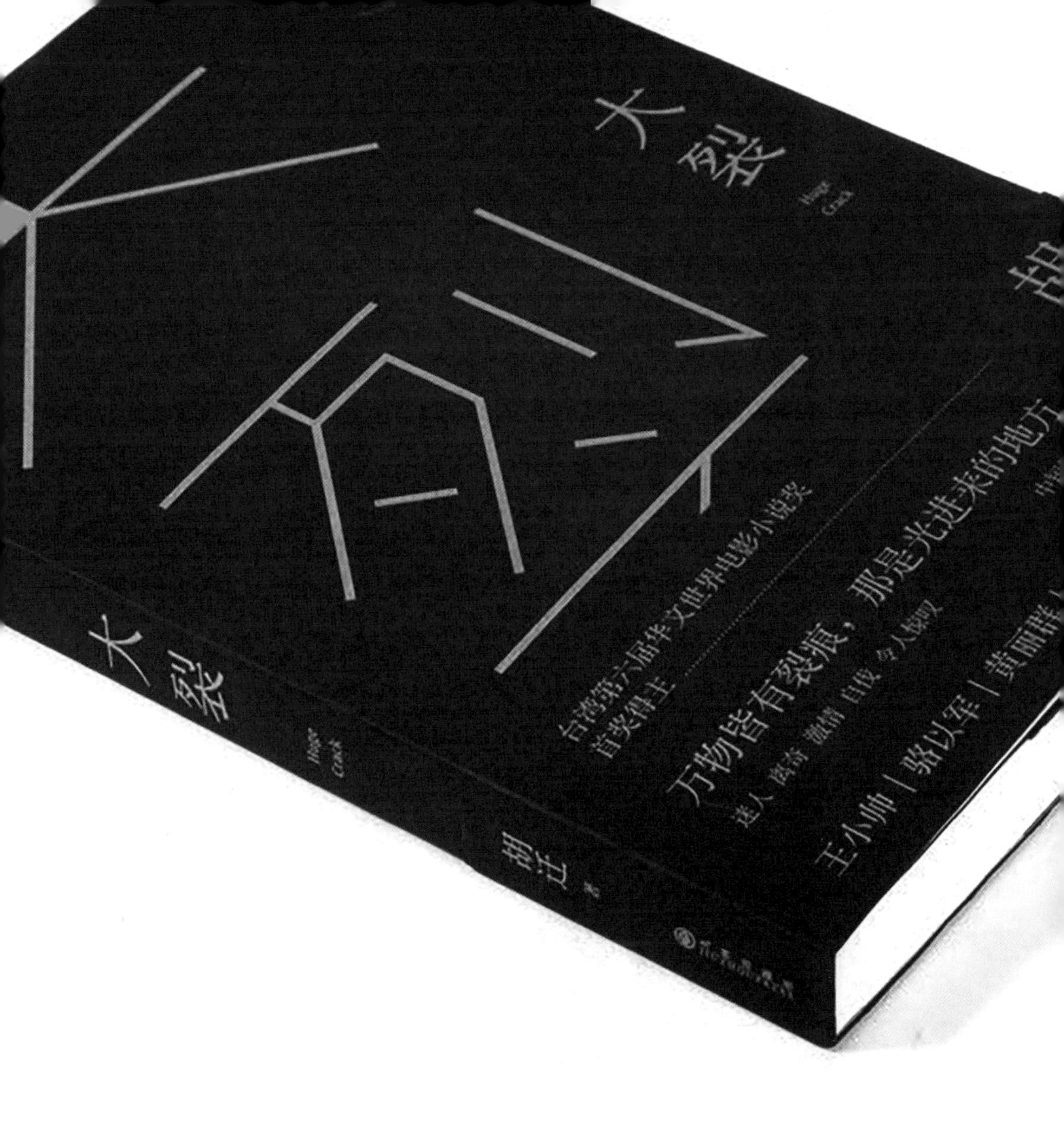

（编辑说）

《大裂》是胡迁的第一本书。因为胡迁的遽然亡故，令这本书在2017年被更多人得知。就像胡迁所说，作品一旦出现，就有了自己的命运。有非常多的瞬间，《大裂》这本书会朝着不同的剧本走下去，不一定会在那个时候决定出版，不一定由我编辑，不一定是现在的装帧设计。然而，无数个小径分岔的路口辗转徘徊，最终，它以现在的样子呈现于世。

《大裂》和胡迁出现在我眼前的时候，我做书的方向是以外国文学和港台文学为主，很少接触同时代身边的写作者。当我一口气读完《大裂》之后，又陆续读了他的几篇短篇，我的编辑魂开始燃了起来，他真的是一位非常有特点的新锐作者。用文字构建画面仿佛是胡迁的本能，他在字里行间展现出的鲜活情境，是纪实化的，并没有去刻意放大现实，却呈现出了一种残酷的荒原奇观，偏偏引起我共鸣的就是那种残酷感。

《大裂》在封面设计阶段前，我期待它应该是有年轻个性的视觉冲击性，又有文学质感的样子，最终定版的封面是冲击力极强的文字版，完全符合了之前对这本书的所有预期。细节用电化铝烫，呈现出“裂缝中透出光”的感觉，非常美好。

不过，就像所有美好的事情都不会一帆风顺一样，这个封面在印刷过程中，全部重印了一版。原本设计稿是黑色卡纸印白，然而实际印刷过程中，也许是我们当时那批卡纸的吸墨力问题，也许是当时工人没有洗干净车滚，也许是我们为了节省成本没选择丝网印白，普通印刷的情况下，白色油墨的覆盖力并没有达到我们的预期，竟印成了偏蓝的颜色。反复对比效果，最终我们选择了印银，完成了这本书的封面印刷。

最终，《大裂》的实体书拿到手里的时候，在黑色封面的映衬下，电化铝折射着的镭射蓝光，特别酷的装帧，特别酷的作者，感谢山川，我想我这辈子都不会忘记做这本书的经历。

出生于台湾。平面设计师。从事书籍封面装帧、内页排版、摄影集、杂志排版、品牌视觉设计（VI）、影片字体字幕、音乐专辑、文艺表演及展览活动主视觉平面设计。

designer

1992 李君慈

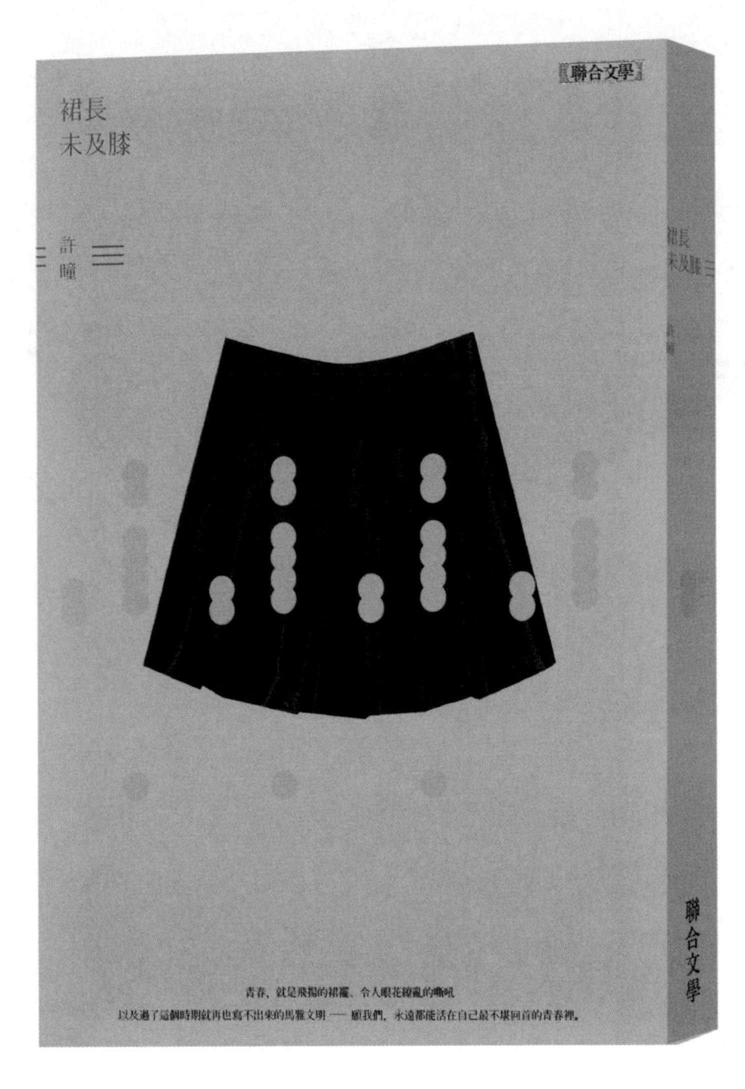

裙长未及膝

140mm×200mm

〖**封面用纸**〗大亚再生色卡
〖**内文用纸**〗米漫
〖**印刷工艺**〗使用四色加一特别色印刷／烫雾金及局部上光
〖**编辑**〗黄荣庆／任容
〖**出版**〗联合文学

（设计师说）

利用台湾北一女中的绿色当象征，调整了色调让书本气氛更为年轻；用百褶裙的意象直接去与书名呼应，并将圆点以上光的方式覆盖在书衣上面。

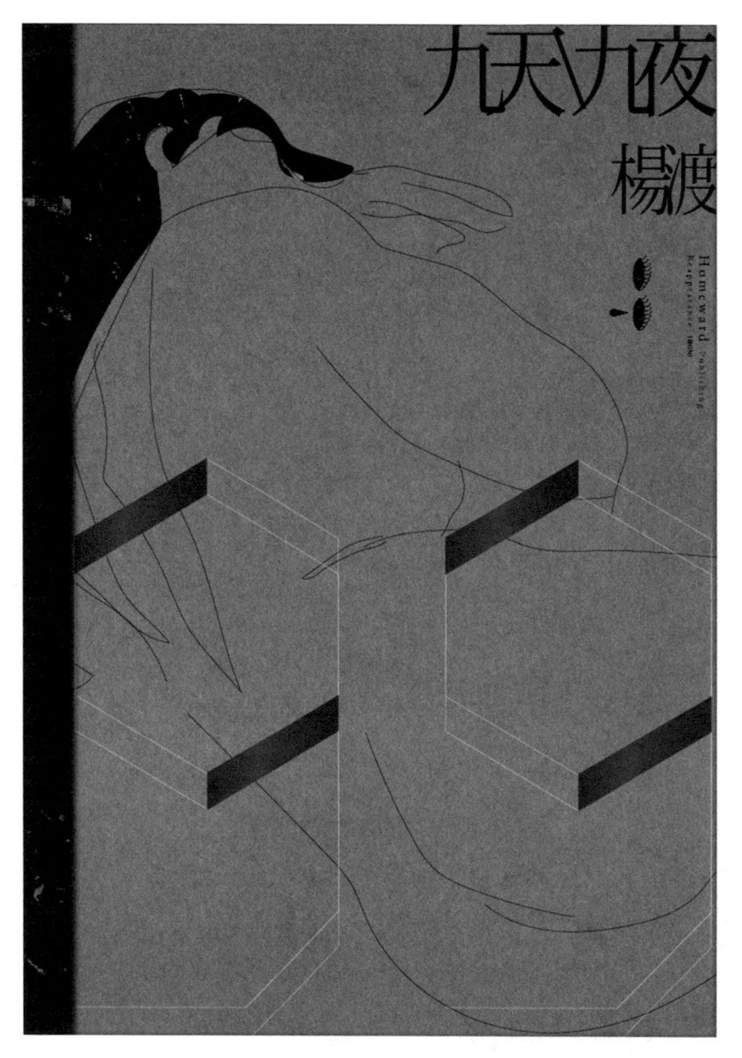

九天九夜

148mm×210mm

〖**封面用纸**〗美国环保纸
〖**内文用纸**〗雪面轻涂纸

〖**编辑**〗张羽甄
〖**出版**〗南方家园

（设计师说）

书中四个章节掺杂了慌乱的大时代里小人物被流放的故事，关联的共同点除此之外就是爱情与女人。书中也有关于“身体”的书写，除了肉体交欢更有肉身的自残与疾病。所以选择画出卧趴姿势且全裸的女人，头发是黑色，呼应延伸内里的夜晚效果。封面上是一个小作休息（小睡）的姿态，我认为放松的姿态更能呈现书中的爱情所带来的柔软感。

（编辑说）

《九天九夜》印着卧趴姿势且全裸的女人，头发散如黑夜，呼应延伸内里的星空。设计师李君慈画出女人稍作休息的姿态呼应书名的夜，呈现书中爱情的柔软感，而略带复古牛皮纸调的材质则带出时代感。定稿前觉得封面过于沉静，因此加上数字“99”，以几何与烫红的方式呈现。烫红质地带着粗犷与细致质感，展现文章的激情与炽热。

出生于北京。平面设计师、艺术指导，打错平面设计工作室（typo_design）成员。typo_d 工作室致力于公众出版领域的设计，与众多出版机构合作，试图将更开放的设计观念与形式介绍给大众消费市场。我们希望通过更具普及性的出版行为向更多的客户与受众证明，设计应该超越一般意义上 的“审美”，并且用理性的方式来看待和消费现代设计。typo_d 坚持积极参与畅销书的设计，并且尽可能尝试“反市场”的风格。

designer

1979

臧立平

150mm×195mm

咬一口昭和回忆

〖封面用纸〗大地纸
〖内文用纸〗芬兰轻型纸
〖印刷工艺〗烫金
〖编辑〗卢茗
〖出版〗世纪文景

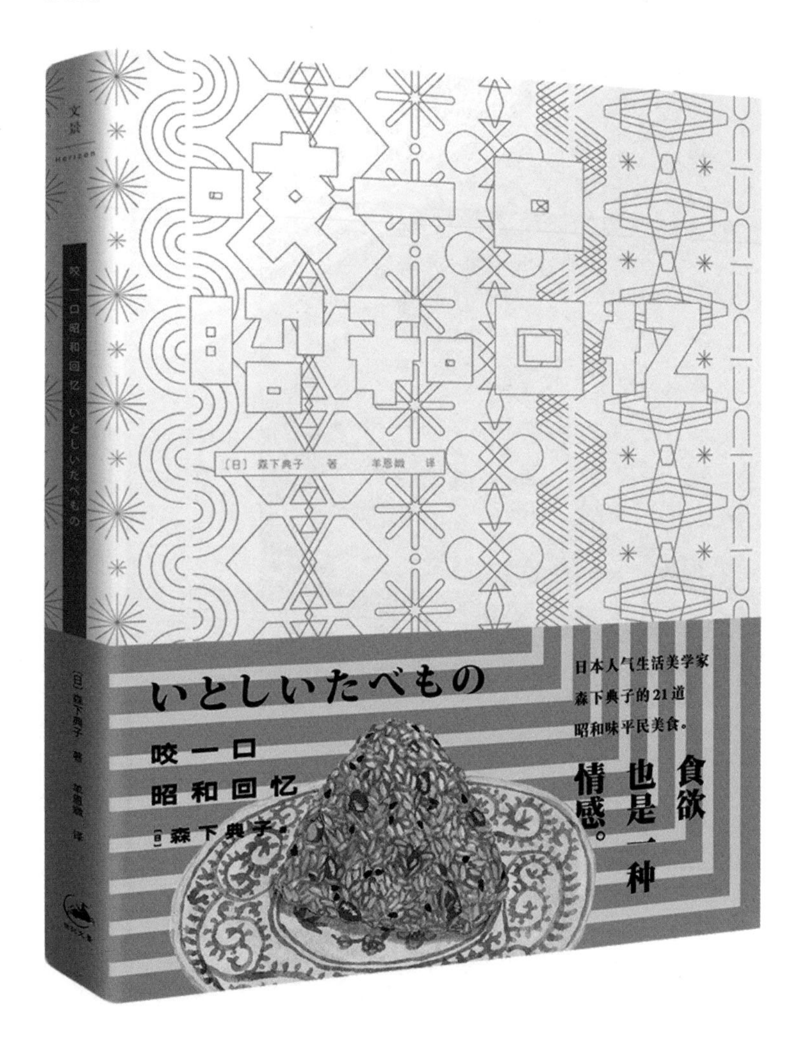

（设计师说）

护封没有任何印刷，从图案到条码，全部用烫金的工艺，凸显纤细、细微立体感的美学追求；而腰封的色彩搭配，则是呼应昭和时代广告招贴画的感觉。

〔日〕森下典子 著 羊恩媺 译
文景
上海人民出版社
Horizon

（编辑说）

做《咬一口昭和回忆》是我至今的职业生涯里的一次有趣尝试。封面方案的推进极其辛苦，把编辑的“三夹板”命运发挥到极致，在坚定的公司意志和更加坚定的设计师意志之间闪展腾挪，牵线搭桥。

方案最初，马仕睿老师（typo_design 负责人）就提出一个让我心动不已的构想，护封啥也不印，所有几何图案的线条都用烫的。我稍微想象了一秒，就激动陶醉得不行，在阳光下微微变化的凹凸与明暗……但专业熟练的印务同事立刻给我一盆冷水——知道要多少钱吗你，全烫！？于是三方陷入漫长而辛苦的沟通过程。设计师很心碎，我们很心累，幸而最后有家厂给出合理价格，成本之碍清除，终于让这一工艺得以实现。

平面设计师。2013 年合作成立高潮工作室，2017 年合作成立 XYZ Lab。主要从事品牌形象、书籍、展览视觉等相关视觉设计工作，同时也致力于出版物与展览的策划与传播。

designer

1993 邵年

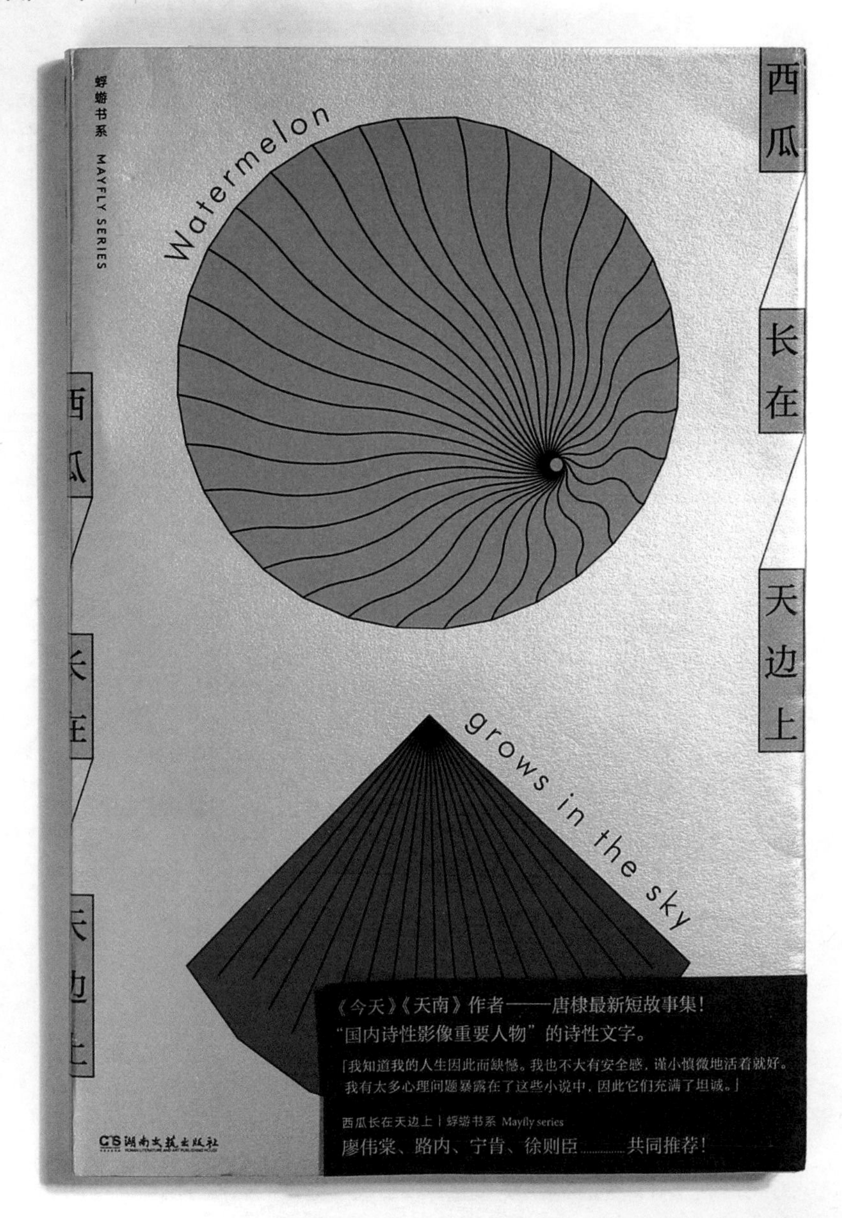

140mm×210mm …… 西瓜长在天边上

〖**外封用纸**〗超感梅印纯白
〖**书腰用纸**〗黑卡
〖**内封用纸**〗里纸(浅灰)
〖**内文用纸**〗双胶

〖**印刷工艺**〗外封 _ 印四色
书腰 _ 印 877C
内封 _ 印单黑

〖**编辑**〗唐贾 …… 〖**出版**〗湖南文艺出版社

（设计师说）

“蜉蝣书系”是年轻编辑唐贾所策划的一个年轻书系，所挑选的也都是年轻却足够特别的写作者。她在做的事情，我认为是在把“小而美”写作进行放大和编组。作为设计师，我要在有限的定价与预算内做到准确的表达。抛开设计师身份，我也是这个系列的读者。

第一本设计的是唐棣的《西瓜长在天边上》，设计短篇小说与长篇小说不同之处是，你很难在某篇小说中去找到一条线索将其视觉化，这样的方式过于局限且不准确。把握对作者和文字的第一感受变得更重要。首先我想的是，西瓜会长在天边上吗？这个答案给了我设计的方向，太过具象的处理，反而限制了自身的延展与想象。我需要破坏掉对西瓜的固有印象并提炼特征，结果是把熟悉的事物陌生化，将西瓜变成两个色块与图形，一个是完整的西瓜，一个是被切开的西瓜；一个是俯视，一个是平视；一个是红色，一个是绿色；一个是直线，一个是曲线，利用对比和反差，来暗示不着边际的张力与诡谲的趣味。

（编辑说）

邵年是从设计、打样到定稿、印刷，每一个环节都不肯放过的“龟毛”设计师。光是打样，我们就反反复复用不同的纸张调试多次。去印刷厂盯封面更是曲折，第一次我俩刚赶到门口，印厂停电开不了机。第二天过去，仔细比对发现外封最初选用的牛皮纸质量不稳定，显色度和我们想要的效果相差甚远，立马改文件、换纸、调货。第三次去印厂，反反复复调试后，才找到我们想象中的红色和绿色。那时候，邵年捧着新鲜出炉、尚未印文字也未裁剪的银底红绿撞色封面纸，脸上笑开了花，来来回回走动，嘴里絮絮叨叨“这个可以、这个可以”。当下觉得，我眼前的这个孩子，不就是未来的大师吗？

BOOK

17

毕业于东华大学艺术设计专业，平面设计师，书籍装帧设计师。上海瀚徽文化传播有限公司设计总监。代表作品《轮回的艺术——Vintage》荣获 2012 年“第七届华东地区书籍设计双年展”整体设计奖，并获评 2013 年“第八届全国书籍设计艺术展览”艺术类佳作；《火星纪事》曾入选《书香两岸》杂志主办 2013 年度“两岸书封设计大赏”大陆 TOP50；《大国政治的悲剧》获 2016 年“第九届华东地区书籍装帧设计双年展”封面设计二等奖。

designer

1978 储平

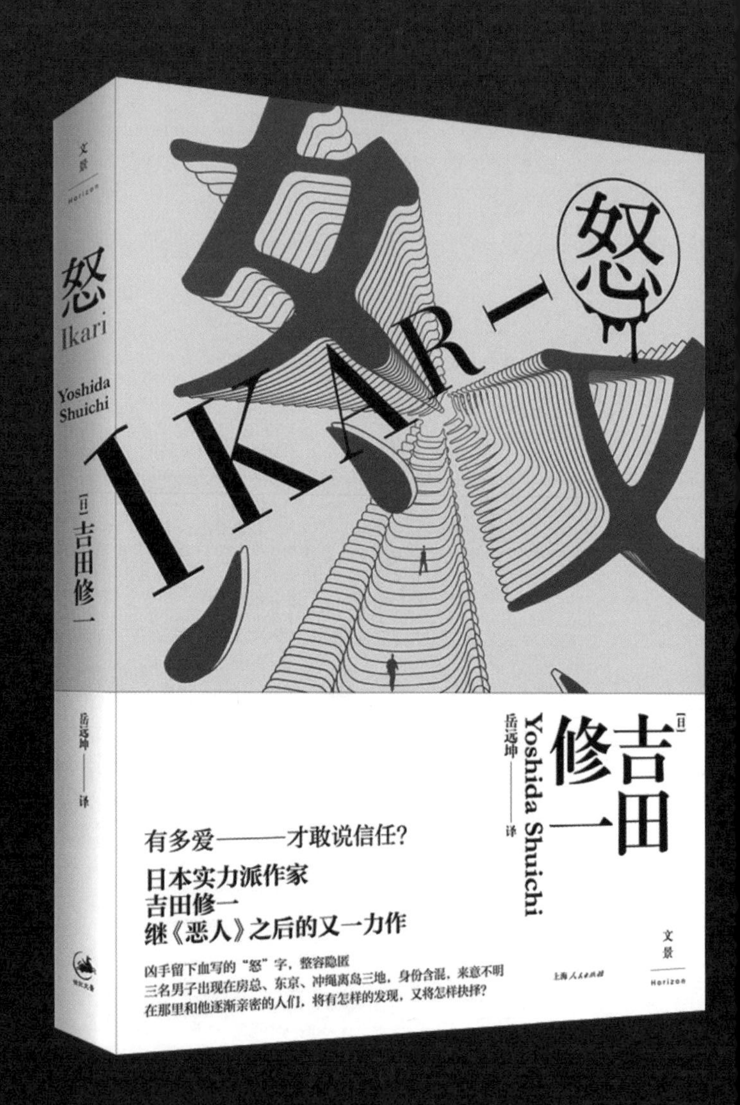

怒

148mm×210mm

〖封面用纸〗超感纸
〖内文用纸〗瑞典轻型纸
〖印刷工艺〗内封 UV
〖编辑〗卢茗
〖出版〗世纪文景

（编辑说）

《怒》卖得挺好，还算对得起吉田老师，也对得起把吉田老师再次引入大陆的默音。我做“先人”留下的好书，常有不能辱没先人见识胆识的清醒认识。

清新薄荷蓝搭醒目正红，搁哪儿都一目了然。在被拆解的“怒”字上的三人，似近又远，若即若离，细腻象征了《怒》对都市人际关系及都市型孤独的诠释。

（设计师说）

拿到这本书的设计资料时，首先想到避开同类图书中常见的通过比较具象的图片或插画来表现的做法，采取通过文字的图形化来传达出想要的感觉。一开始想用一个书法“怒”字，通过草书的劲道来传达“怒气”这种氛围。苦于后来没有写出预期质感的文字，从而想到目前这个思路，使用标准文字的“爆炸”来表现。封面图形中的三个人物剪影是对文中三个主要角色的映射。西文书名构成一枚放大镜，是对案件的探索与推理的一个意象。

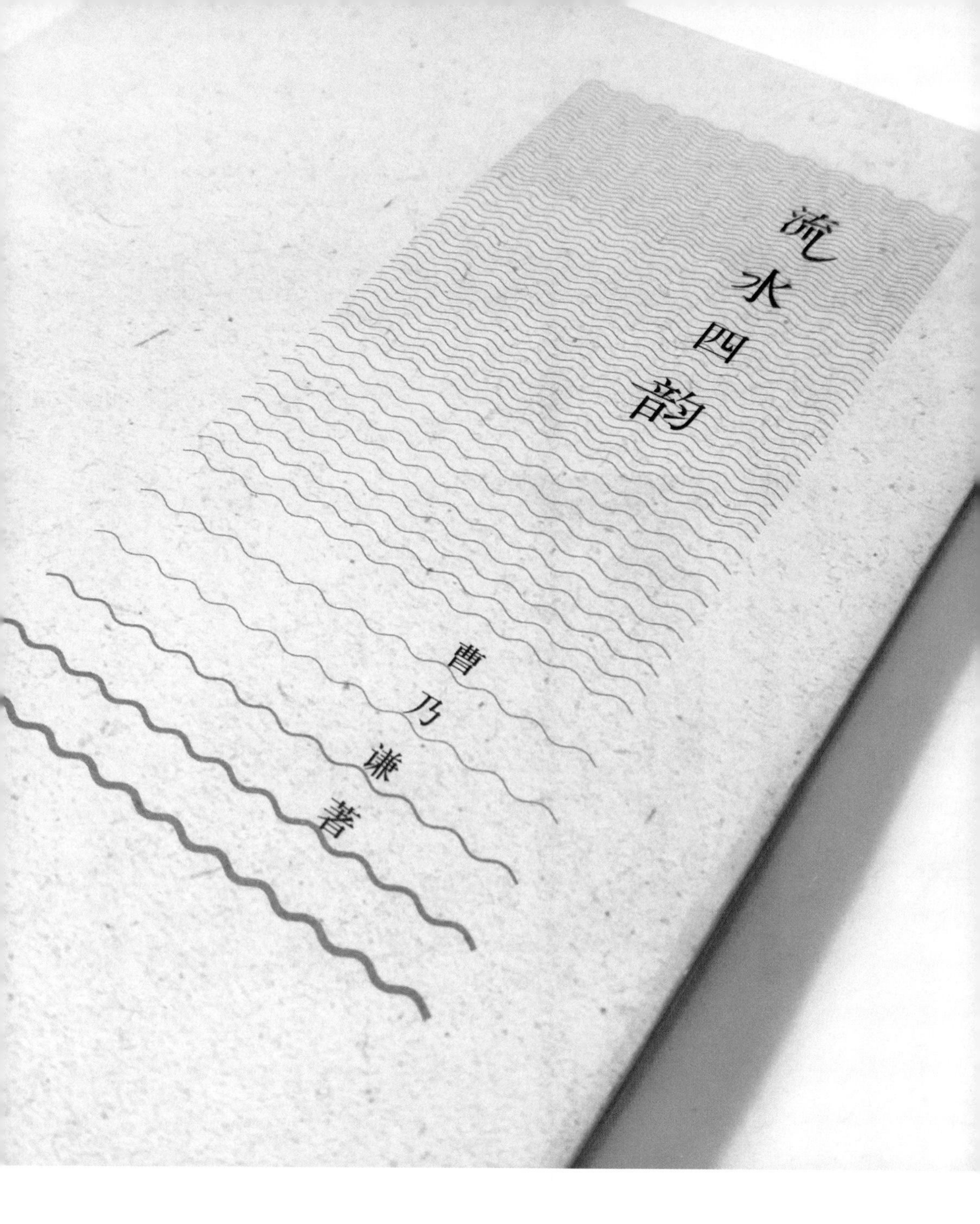

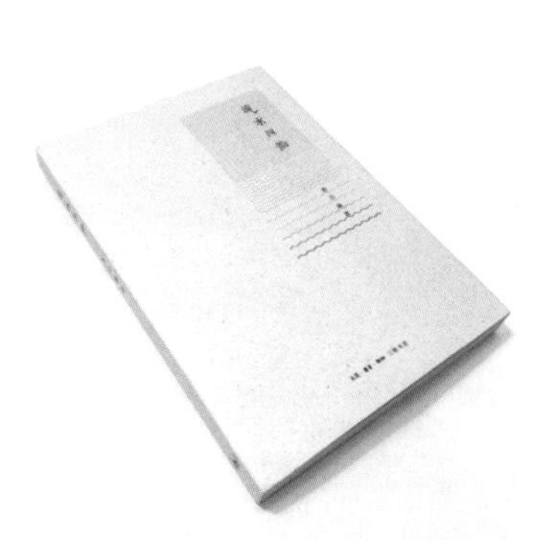

流水四韵

145mm×210mm

〖**封面用纸**〗超感细纹
〖**内文用纸**〗东方书纸
〖**编辑**〗关雪莹
〖**出版**〗生活 · 读书 · 新知三联书店

（设计师说）

封面创意源于书名中“流水”与“四韵”两词，波纹象征流水，四层不同疏密则暗合书中行文的四个阶段。层叠的波纹由密到疏、由远及近，如同流淌的岁月，波澜不惊却又蕴藏无穷；又似母亲的爱，绵密而悠长。内封则用了水蓝色，再次表现水的意韵。书名做了专门的字体设计，以期更具个性。

毕业于南通大学工业设计专业，曾担任上海最世文化设计师。2015 年至今，任果麦文化书籍装帧高级设计师。代表设计作品：简媜《我为你洒下月光》，葛亮《小山河》《戏年》《七声》，冯唐《冯唐诗百首》（2017 版）。

designer

1990 朱镜霖

志摩的诗

140mm×200mm

〖外封用纸〗松篙纸　　〖印刷工艺〗锁线裸书脊
〖内封用纸〗高彩映画
〖内文用纸〗瑞典轻型纸　　〖编辑〗孙雪净
〖插页用纸〗高彩映画　　〖出版〗果麦文化

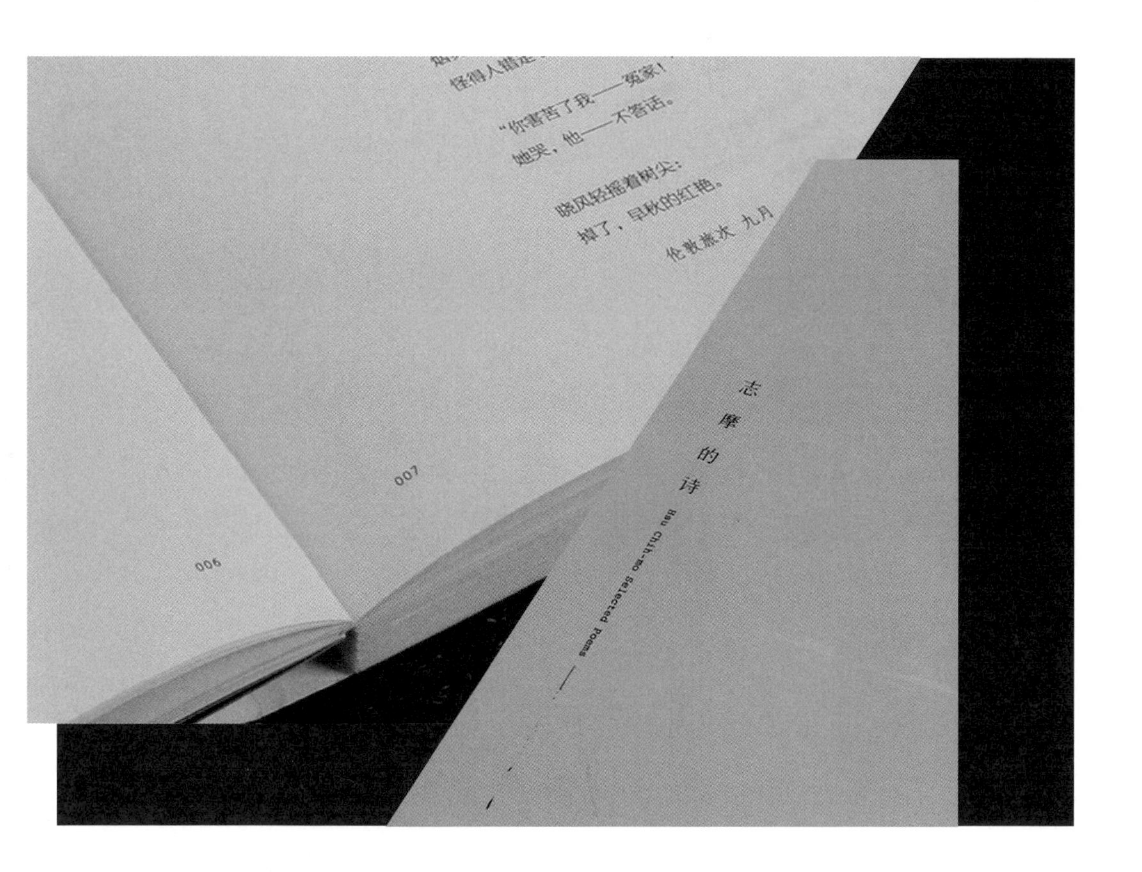

（设计师说）

徐志摩是新月派的代表诗人，他创立了新月社，因受泰戈尔《新月集》影响借用“新月”二字为社名。象征着上升、幸福、吉祥、初始光亮、新的时光。所以整本诗集采用了月的意象作为设计元素。

月相时而朦胧美满，时而冷峻锋利，如此阴晴圆缺最能表现出志摩诗歌有时如清泉般柔美，有时火一般热烈真挚，有时又夹杂着落寞、不解、排斥。

为实现整本书意境与徐志摩气质吻合，特别选用了裸色（Beige）作为主色，这是一种低纯度的黄色，就像未经漂白的羊毛色，辅以深灰、中灰用于文字信息，避免黑色的突兀。

徐志摩的诗集市面上版本很多，太浮夸华丽甚至有些过于女性化。对于这本线装的诗集来说，工艺已经显得很多余了。

（编辑说）

这是一本徐志摩诗歌精选集，我们从徐志摩正式出版的四部诗集和 71 首集外诗、41 首译诗中，选取了 100 首流传最广、艺术性最佳的诗歌作品集结成书，希望为读者提供一本可以比较便捷又比较全面了解徐志摩诗歌创作的图书产品。

最初书中诗歌是按照时间顺序进行编排的，但是后来发现，这样排列使得版面受到了限制，比如可能会出现连续多页为短诗，又连续多页为长诗，在阅读上有不舒适的感觉。作为一本精选集，它最主要的功能还是供读者品味诗歌的意境美，欣赏文字的韵律美，于是我们最终打破了创作时间的限制，将不同长度、不同风格的作品穿插开，打造读诗的最佳节奏。

因此，在设计上也没有做太多繁复的装帧，而是希望做出返璞归真的气质。所选封面及内文用纸，都是材质感明显的纸张，锁线包护封的方式，也是希望赋予这本书更好的人文气质。

平面设计师，空白地区工作室负责人，学学文创讲师。专精包装及出版设计。著有《不想工作》《吃书的马》，现执笔论述著作《设计・Design・デザイン》。

designer

1986 彭星凯

吃书的马

130mm×190mm

〖封面用纸〗软质 PVC ／竹尾元素纸

〖内文用纸〗永丰琦玉纸／源圆北欧轻涂纸（台湾纸厂）等八种

〖编辑〗彭星凯

〖出版〗启明出版

The Book-Eating Horse
Fi Peng

彭星凱———吃書的馬

在《不想工作》之後，
努力工作。

林夕、駱以軍等
華文一線作家合作封面設計師
七年集成
平面作品自選輯

書設計是體現一個文化接收訊息的方式

空白地區 workshop 2009-2016 作品選
專文———對談———採訪
設計師、編輯、作家都想知道的「理想書設計」

2009-2016

Fi's Best Works
from the
Past Seven Years

Chinese-English Bilingual Edition

148mm×210mm ······ 过去是新鲜的，未来是令人怀念的

〖封面用纸〗威尼斯纸
〖内文用纸〗雪嵩轻涂／经典红纸
〖编辑〗葛雅茜／温智仪
〖出版〗原点出版

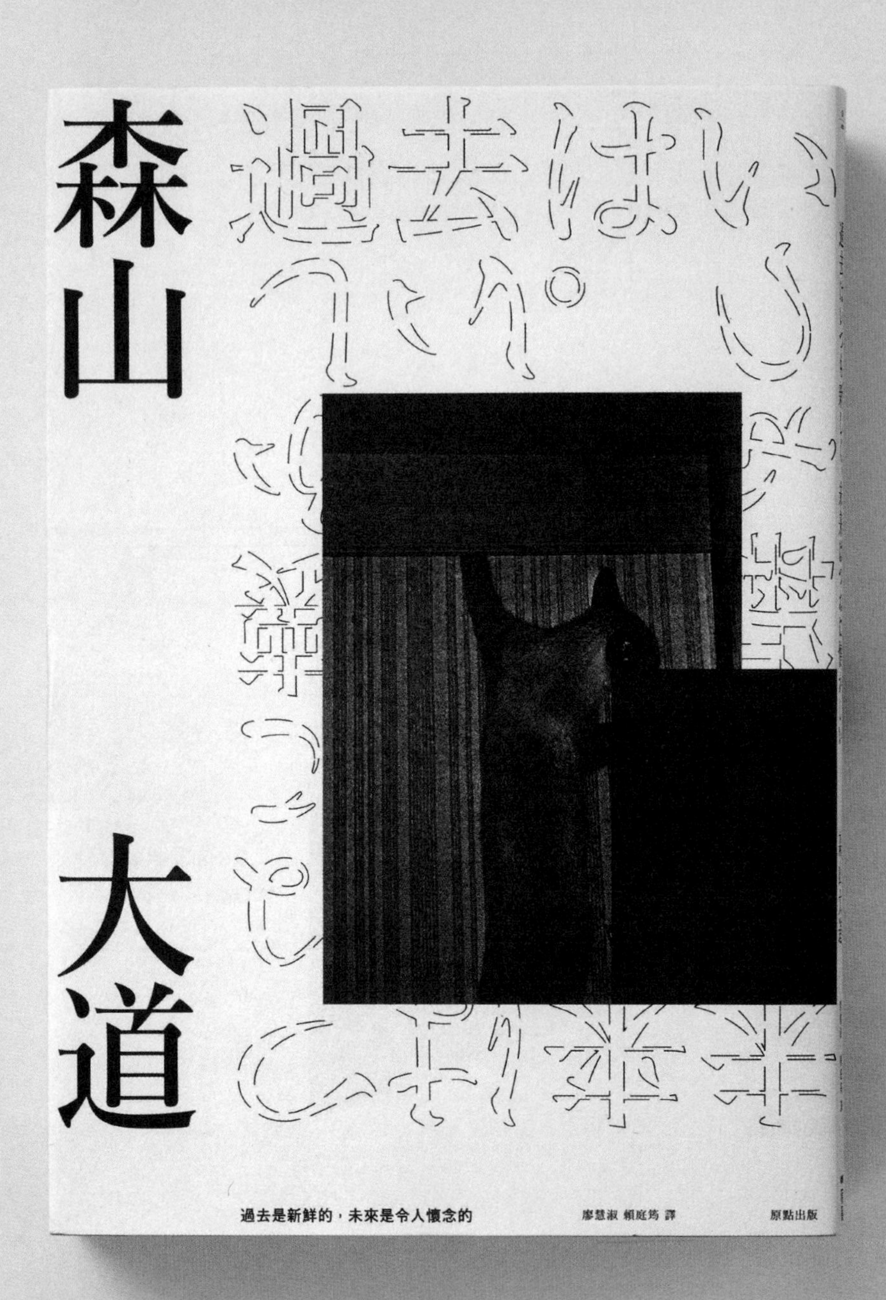

（设计师说）

森山大道作品的封面，设计者向来以一种退后的姿态进行包装，或许是为了保持客观，让摄影自身的创作性发言。我希望这次可以有所转变，用设计去响应文本，符号个别的象征性可以是开放的，不需要让读者这么明确地理解。

在一本谈话结构的书上，放上任何有“人”形象的照片，都会局限读者的情感投射。但若放上“物”，又会变成静止的，限缩了时间往前后挪移的动态想象。猫是永远的客观者，也是旁观者，对一本对谈集来说非常适合。

镇痛

150mm×210mm

〖**封面用纸**〗丹迪纸
〖**内文用纸**〗荷兰纸
〖**印刷工艺**〗车线
〖**编辑**〗许睿珊
〖**出版**〗启明出版

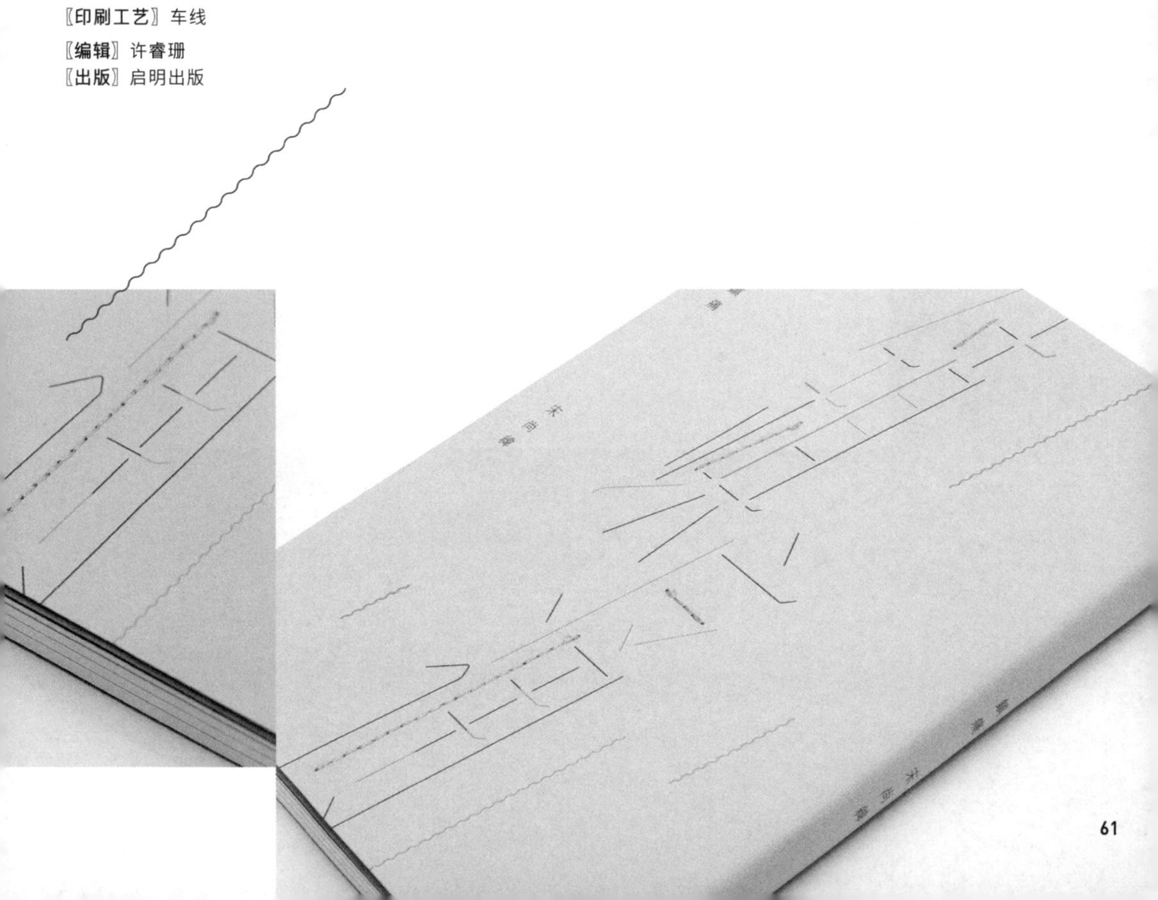

台湾科技大学商业设计系毕业。设计范畴包含书籍装帧、品牌形象、包装、展览视觉。2015 年成立大梨设计事务所，曾多次获得台湾金蝶奖，作品亦曾收录于海外艺术设计书籍 ART IN BOOK FORM 等。

designer

1991

刘克韦

暂时无法安放的

130mm×190mm

〖封面用纸〗变色龙
〖内封用纸〗日本书籍纸／黑贝纸／圣经纸
〖印刷工艺〗以珍珠箔呈现蝴蝶翅膀，传统法式装订
〖编辑〗郑又瑜
〖出版〗南方家园

绝望名人卡夫卡的人生论

130mm×190mm

〖**封面用纸**〗香草纸
〖**内文用纸**〗道林纸
〖**插页用纸**〗高彩映画
〖**印刷工艺**〗烫雾黑色箔，呈现同墨迹般的色泽

〖**编辑**〗林淑卿
〖**出版**〗爱米粒

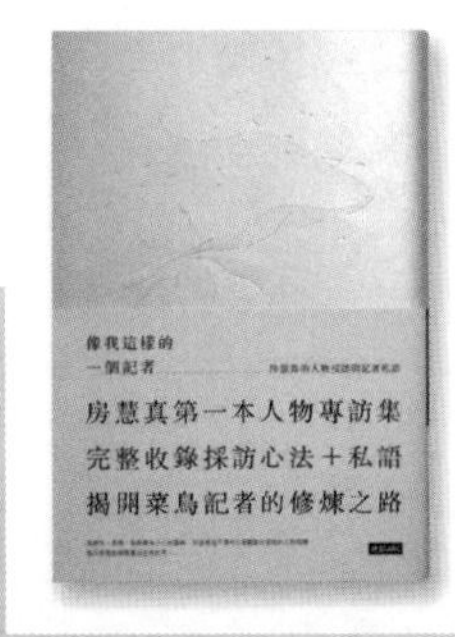

像我这样的一个记者

148mm×210mm

〖**封面用纸**〗绢丝象牙
〖**内文用纸**〗雪白划刊纸
〖**印刷工艺**〗书衣烫珍珠膜，并局部打凸

〖**编辑**〗陈怡慈
〖**出版**〗时报出版

photo by 刘俊佑

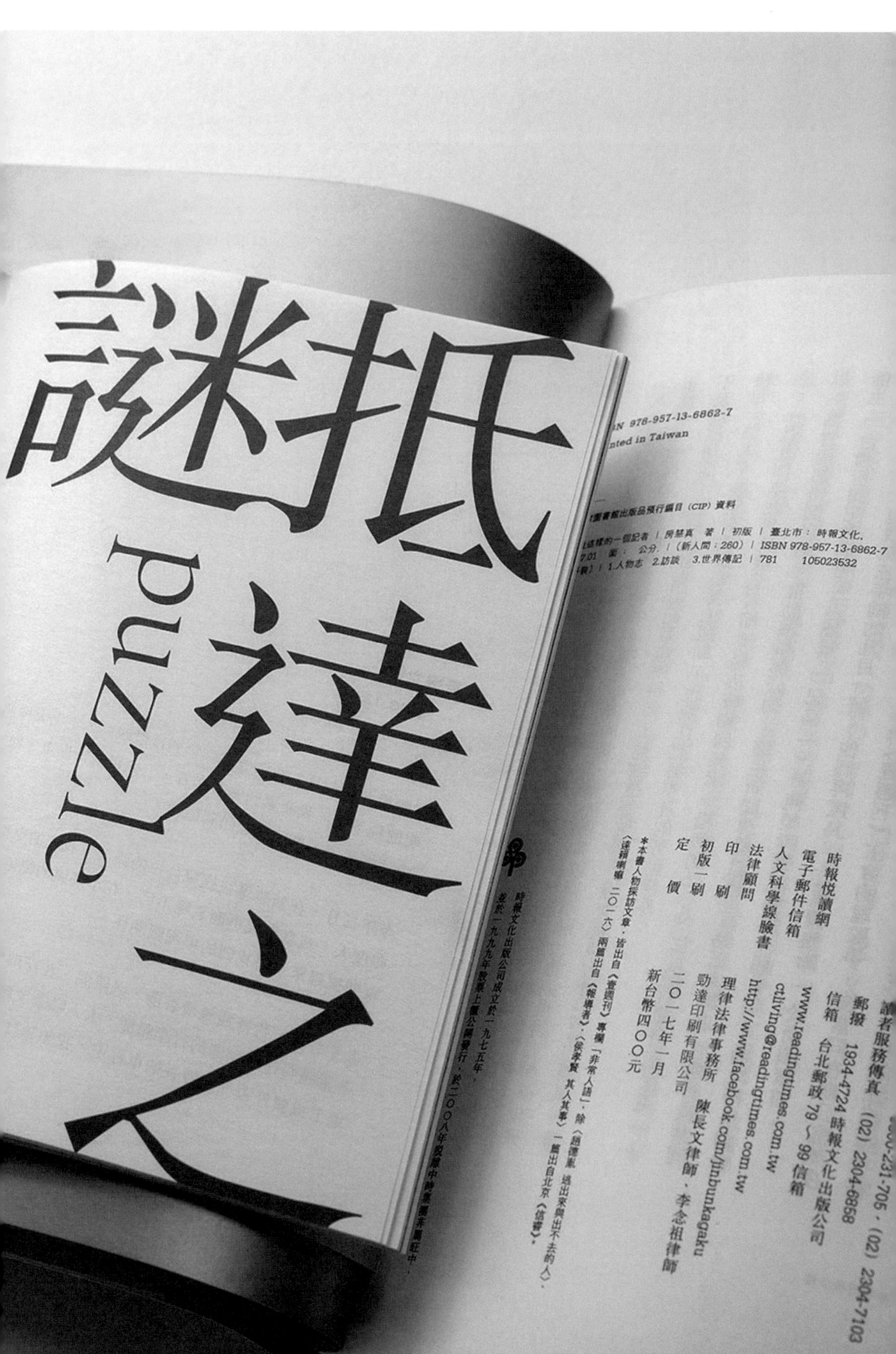

謎抵達之
puzzle
房慧真 著 | 初版 | 臺北市：時報文化,
公分. |（新人間；260）| ISBN 978-957-13-6862-7
1.人物志 2.訪談 3.世界傳記 | 781 105023532
時報悅讀網 www.readingtimes.com.tw
電子郵件信箱 ctliving@readingtimes.com.tw
人文科學線臉書 http://www.facebook.com/jinbunkagaku
法律顧問 理律法律事務所 陳長文律師、李念祖律師
印刷 勁達印刷有限公司
初版一刷 二〇一七年一月
定價 新台幣四〇〇元
讀者服務傳真 （02）2304-6858
郵撥 1934-4724 時報文化出版公司
信箱 台北郵政 79～99 信箱

148mm×210mm ······ 萝西效应

〖封面用纸〗超感轻图纸
〖内封用纸〗道林纸
〖印刷工艺〗烫雾黑色箔，呈现同墨迹般的色泽
〖编辑〗林淑卿
〖出版〗爱米粒

Graeme Simsion
THE
ROSIE EFFECT
蘿西效應
我的擇偶計畫驟然因為蘿西而完全被打破，但，我終於經歷了所謂的愛情。
原來，愛情這麼美妙又瘋狂，只是，說真的，伴隨而來的效應真是讓人有點難以招架……

BOOK

21

台湾平面设计师。作品曾入选东京 TDC 赏。从事书籍装帧、摄影集、杂志排版、品牌 LOGO 等设计，与音乐专辑、艺文表演、展演活动主视觉平面设计。

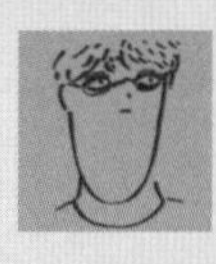

designer

张溥辉

1993

纸之月

148mm×210mm

〖**封面用纸**〗棉彩速印纸
〖**内文用纸**〗瑞典轻型纸
〖**特殊工艺**〗压凹

〖**编辑**〗卢茗
〖**出版**〗世纪文景

（设计师说）

在小说与电影中，梨花轻轻一抹便将看似薄纸的月亮抹去，什么都是假的，仿佛获得自由一般。这样的文字叙述与电影画面深深烙在我的脑海里，便决定将这样的画面以我的方式呈现出来。

在封面中，看似新月的图形，其实并不是“真的”，而是荧光粉色的圆圈与纸张打凸的圆形组成，我希望能让大家感受到一种虚与实的幻觉（同时带有女性的纤细）。

这样的红线圆圈也象征社会规范与刻板印象，而梨花与其他三位女人在这样的社会框架下所做出的反应犹如打凸的圆形一般，默默的、平静的、纤细的超出了社会的既定印象与底线。平静中的绝望大概就是如此，两个圆形紧贴边缘，微微倾出，就像轻轻一推，搞不好就会跌入心中欲望，然后堕落。

红色圆圈，也象征着在银行购买国债、定存、所盖下的印章（实），但对故事中在银行工作的梨花来说却是虚的存在。而画面的左下方一颗黑色星星点缀着逐渐透亮的天空，内里摆上角田光代作家的日语罗马音，算是致敬角田光代总是用清淡的笔法但表达的主题都很浓郁（沉重）。

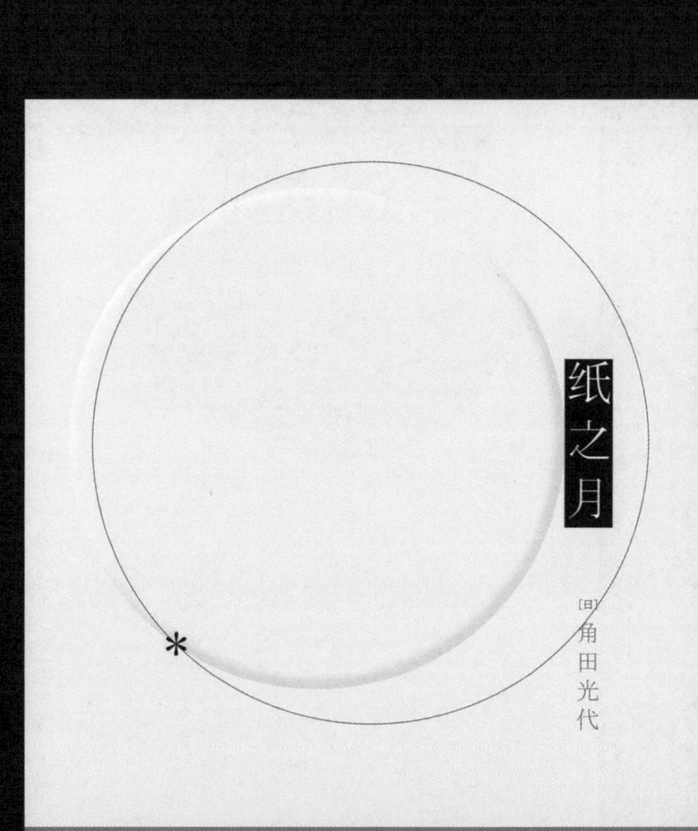

纸之月
[日]
角田光代
只有通过金钱，女人才能把
自由和自信握在手中吗?
最擅长书写当代女性群像的直木奖作家
《第八日的蝉》《空中庭园》作者
再次为女性揭示幸福与自由的错觉
电影版宫泽理惠；电视版原田知世，演绎宿命般的堕落。
これがあるからこの子たちは幸
せだって言えるものを、お金じゃ
なくて、品物じゃなくて、おれた
ちが与えることは無理なのか。
文景
Horizon

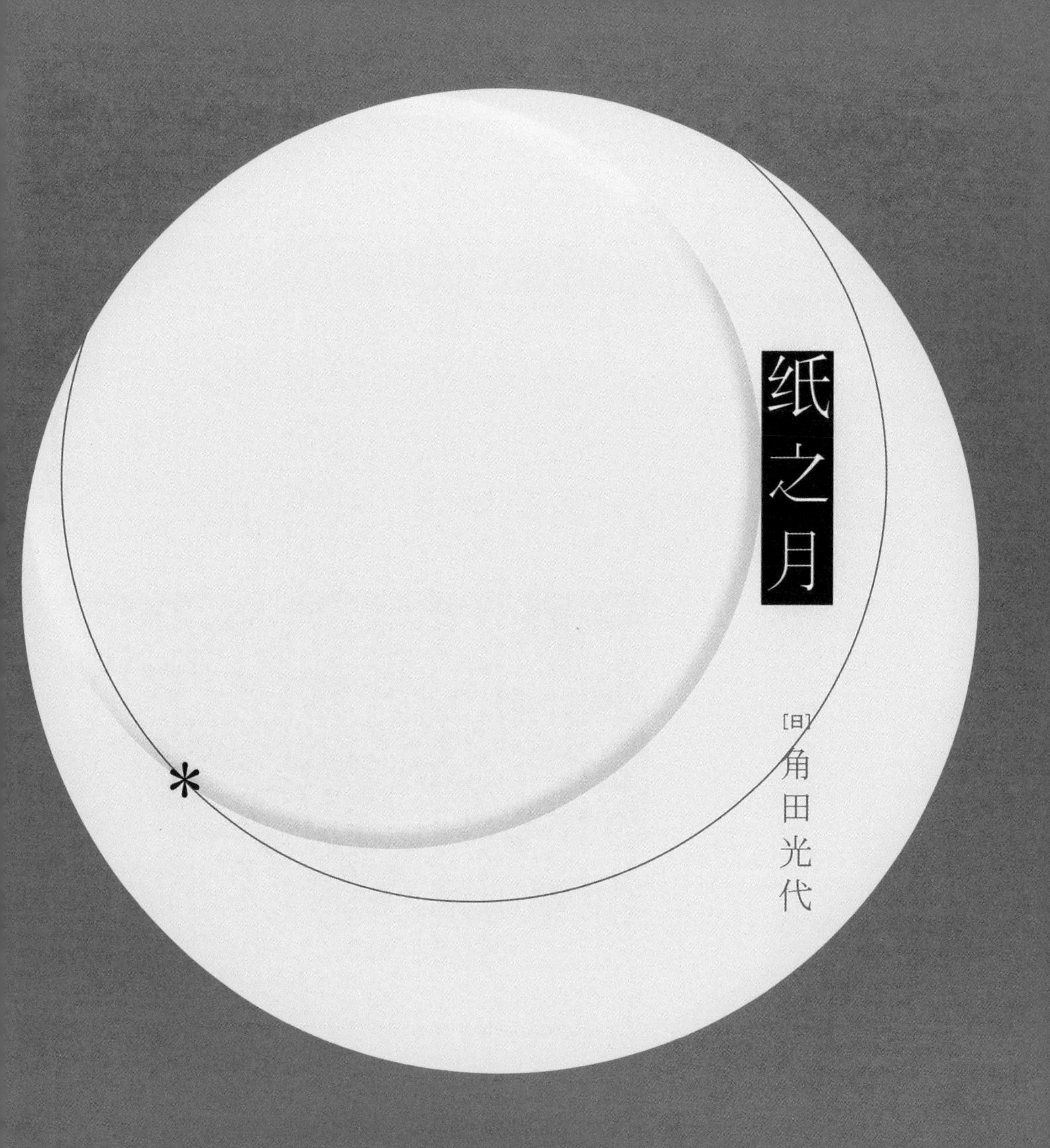

（编辑说）

我很爱角田光代，爱得无以复加。我的本土私房作家是黎戈，日本私房作家就是角田光代。这种私房之爱很难宣之于口，更不想昭告天下，让世人对文本的好坏之判介入我生命与情感的隐秘部分。若说阅读这一极度私人的行为是寻找生命痛点与光点的呼应，那角田光代的小说，与我个体经验的痛点光点，全然相合。她对幸福定义的质疑，对当代女性群体存在困境与精神困境的描述，对女性同谋可能性的思索，总是让我一边柔软，一边辗转。

搁几年前，我也许很愿意讲，如何克服各种阻力并写了一封2500字的长信给版权方，终于买下版权，戏剧性地实现从粉丝到编辑的转变；但几年后，我觉得言说这些所谓的付出和努力都没有意义。“言说”本身就没有意义。我们行业的主要营生方式，是一本一本地做，一本一本地卖，朴实而扎实。我特别喜欢这种过滤一切冠冕堂皇的狂热、理想主义浮沫的营生方式，掺不得假，偷不了懒。如果可以，我想保有一种手艺人的沉默和隐形。

和溥辉的合作很舒心，他最先提出的方案，包含一个昂贵的三面刷边工艺，是《纸之月》这个营销级别的平装书承担不起的，所以只能放弃。但护封设计已足够巧妙，既顾文本内涵，又令平面纸张变得立体。而揭开非常女性化的温柔护封，则是深红布满日文的内封，这是刷色不成后欲望载体的转移（哈哈）。内封封底模拟购物小票，暗喻女主人公一次次无法自控地挥霍与消费。不过，那个凸出的圆，书面呈现只是“压凹”或“打凸”一个简单的词，但打起样来却很要命。压力是大是小，所选纸张可以承受多大限度的压力，圆的凸出是圆润还是扁平，都要反复试错，最终抵达理想效果。

蜘蛛女之吻

148mm×210mm

〖**封面用纸**〗莱卡超柔纸（联美纸业）
〖**内文用纸**〗未知
〖**特殊工艺**〗烫亮银

〖**编辑**〗徐凡
〖**出版**〗麦田出版

（设计师说）

几乎占满版面的手写字与黑体字，取自两位主角争论电影的对话。胸中藏着一段无望恋情的莫丽娜，认为某部电影绝对是凄美的爱情电影，而革命者华伦定则坚称那部电影是纳粹政宣片。这段对话充分呈现同住一间牢房的两位男主角，个性立场是多么不同，深富象征意义。两种迥然不同的字体，用两种方向来混置，塑造两人正在你一言我一语的对话（或争吵）、亦或是爱情肉体上交叠的画面感。狂放、情绪化的手写字迹如蜘蛛丝般布满画面，试图呈现莫丽娜阴柔而絮絮叨叨的特质。相较于纤细的手写字，特色橘的歌德粗黑体象征阳刚、男性化，以及革命的热情理想，这个字体常见于战时文宣，呼应了华伦定的特质与政治立场，错位的印刷使色彩些微晕染，橘红色晕染于军绿色上，既重复提示华伦定的革命精神，也传达出了书中严刑拷打伤口渗血的画面。而整本书最令人注目的终究是宛如蜘蛛丝的烫银手写字，它覆盖其他元素，看似冲突，其实自然交融，再次呼应了该书暗示多次的中心特质。两位主角绵长的对话时而尖锐争论，时而互诉心事，从一开始针锋相对、暗藏心计，到最后情感交融，甚至意识合一，似在告诉我们：即使爱情无望实现，理想国只在梦中见，但这份精神、这股力量，仍能救赎我们，为我们维系一线希望。

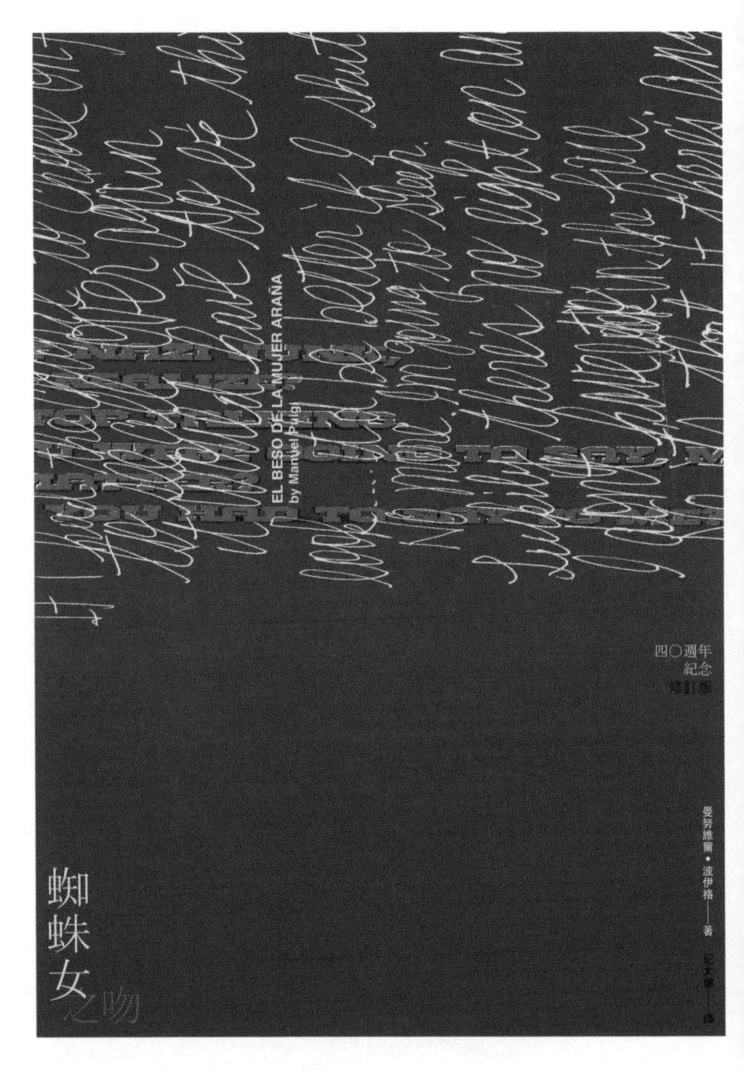

EL BESO DE LA MUJER ARAÑA
by Manuel Puig

四〇週年
紀念
修訂版

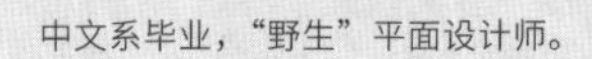

I designer

1990 汐和

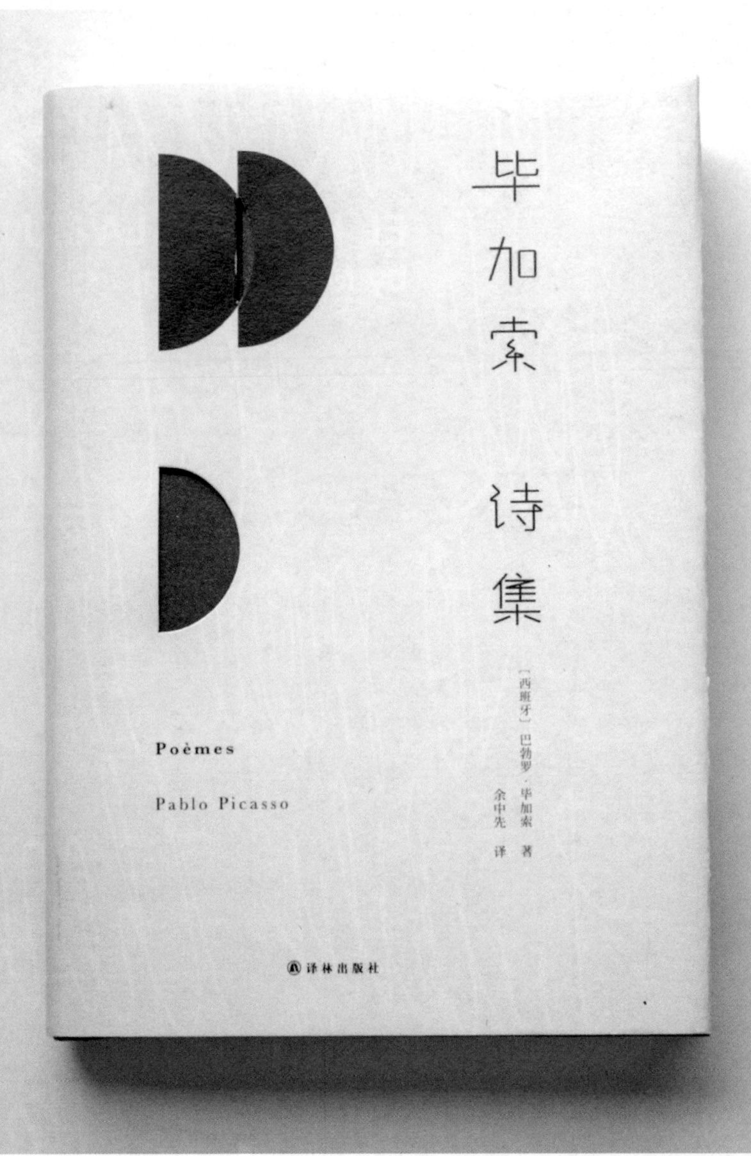

130mm×185mm ······ 毕加索诗集

〖封面用纸〗一种质感不好的超感纸
〖内文用纸〗未知
〖印刷工艺〗外封模切／内封布面烫红金
〖编辑〗王正磊
〖出版〗凤凰壹力

（设计师说）

三个半圆象形字母P，可以看作是 Pablo Picasso 的 Poèmes，即毕加索的诗集。原本是做成朴素的四色印刷，编辑提议做模切和布面烫金。金色的偏光更接近毕加索天马行空的文笔。

用一本本书来丈量生命的书籍设计师。

designer

韩笑

环界 1. 铃

140mm×203mm

〖外封用纸〗高阶映画纸
〖内封用纸〗星雨贵族蓝
〖内文用纸〗金华盛雅致
〖印刷工艺〗烫哑银
〖编辑〗褚方叶
〖出版〗新经典文化

（编辑说）

《环界》系列并不是新书，在中国已经出版了好几个版本，而且都卖得非常好。但由于电影的影响，无一例外都打上了恐怖的元素，这其实是对这部科幻作品最深的误解。为此，在这版的封面设计上，我们完全抛弃了恐怖的元素，直接从科幻的角度切入。

《环界 1. 铃》是《环界》四部曲的第一部，也定下整部作品的基调。城市的灯火、闷热的空气、高空一如往常的明月，故事就从这样的夜晚开始。另外，故事还设定了“七天”的周期，这个很巧妙，人类的一周是七天，周期性永远是大自然万物繁衍生殖的规律。所以在封面上，我们选取了月亮的意象，既是对夜晚最好的诠释，也是对周期性最完美的表现。

另外，在表现星空的时候，我们做了局部烫银的处理。若是设计成全部烫银的话，就无法突出星空星星点点的效果。封面上还有一个亮点，就是几道如恶魔爪痕的痕迹，同样做了部分烫银处理。爪痕的设计，不仅让整个封面呈现了一种动态、跳跃的美感，还极好地凸显了作品描述的氛围。爪痕其实象征了书里叙述的那股无法说清源起的未知力量。《铃》是整个环界世界观的基底，也是不断吸引人往下追寻答案的旅途的起点。

内封采用专色印刷，用纸为星雨贵族蓝，放在近处看，能够看到星星点点的效果，如浩瀚、绚丽的星辰图景，我个人非常喜欢，甚至超过对外封的喜爱。可以说，这套书的封面兼具艺术和大众的气质。

（设计师说）

也许有些人对《环界》并不熟悉，但提起《午夜凶铃》这部电影，想必大家都耳熟能详，没错，《环界》就是这部电影的原著，在惊悚悬疑的外衣包裹下，其真身是一部充满科幻色彩、构思宏伟的文学作品。

2017 版《环界》是 2003 版《午夜凶铃》的再版。借助电影的光环，《午夜凶铃》这套书一直主打恐怖小说主题，并且市场反响也不错。再版书的设计上也因此有了很多摇摆，是继续延续恐怖主题定位，还是彻底打破原有的风格，还原本身的科幻色彩，我和编辑也一直没有定论。之所以产生这样的摇摆，是担心转变过大，会给受《午夜凶铃》恐怖氛围影响颇深的读者们造成困惑。但按照恐怖悬疑的定位，设计出几稿之后，感觉如果再坚持围绕这个主题走下去，是绝对没有创新可能的。再版书，如果失去了全新亮相市场的机会，那再版重来的意义何在？思量之后为了能给《环界》一个非常适合其内容呈现的书衣，必须忠于原作，坚持科幻小说的定位。

定位清楚之后，思路就明朗起来，根据每本书的内容来定意象。《环界 1. 铃》是《环界》的第一部，其中讨论了这样一个问题：“宇宙中几乎所有的现象都可以用微分方程表示。即使是一亿年前、百亿年前、或者是爆炸后一秒时宇宙的模样，我们都可以推算出来。可是无论怎样追溯时间，零的那一瞬间，也就是爆炸那一瞬间的情况，却怎么也无法推算……宇宙到底是开还是合？我们无法知道开始和结束的样子，只能知道中间的过程，这不是和我们的人生很相似吗？”这样一个铺垫，给了第一部基本的定调，以宇宙为主要意象，浩渺星空，有丝丝流星划过。封面挑了点点繁星，做了烫哑光银工艺，也是为了能更好烘托出科幻感、神秘感。

内封选用星雨贵族蓝，闪闪的银光散落在纸间，正如广袤的宇宙，让我们看到一个充满未知的星辰布景，敬畏未知的领域，警醒自我的渺小。

香港书籍及字体设计师。曾于香港三联书店担任书籍设计师，敬人纸语书籍设计班第七期毕业，后于法国完成 TypeParis 欧文字体设计课程。现致力于书籍编辑设计及字体设计等视觉创意工作。

designer

1990 陈德峰

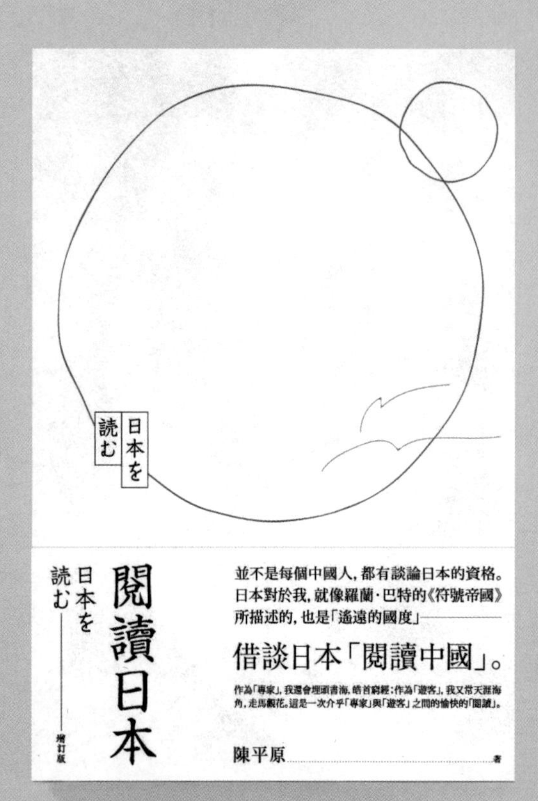

阅读日本

130×mm190mm

〖封面用纸〗冠雅纸云点纹（Natural White）
〖内文用纸〗Enso Classic2.0
〖特殊工艺〗书名烫银
〖编辑〗赵江
〖出版〗香港三联书店

（设计师说）

《阅读日本》是笔者在日本游历时的所见所闻，笔者借此作品表达自己的个人观点，即由日本看中国。此设计直观全面地呈现笔者的写作意图，两个大小不一的红色圆圈说明笔者以小见大的写作观念，将圆圈的形式设定为随性而不完美的，实际上是为了表达笔者写作的内容，即这个作品只是他的个人之见，并非官方的严谨全面之作。烫金的两个随手画出的笔划，实际上是在开始写作前试笔的两画，体现作者对于这个作品放松的处理方式。封面的字体使用的是相对传统的样式，符合笔者的性格特点，可以直接地将正文内容中作者传统正式的思想传达给读者。整体设计以简约却不失简单的风格进行创作，大部分的留白给读者更多的想象空间，封面元素简单但不失传统，虽有元素的罗列，但不繁复。每一笔都力求最完整地传达笔者的写作意图与内容，为作品奠定整体的风格基础。

香港沦陷日记

140mm×200mm

〖**封面用纸**〗冠雅纸云点纹

〖**内文用纸**〗Enso Classic2.0

〖**印刷工艺**〗烫银

〖**编辑**〗李玥展

〖**出版**〗香港三联书店

（设计师说）

“街上再没有了人，夜幕下垂，香港第一次有了她破天荒的安静。静，没有光，简直是一个死了的世界。”这书从 1941 年 12 月 8 日沦陷前夕，警报笛声响起的紧张气氛开始叙述，直到 1942 年 1 月 25 日逃出香港为止，作者萨空了以记者的视角记述亲历香港日占沦陷初期的情况。

黑色封面代表着黑暗时期及全书的沦陷气氛，平面图像化银月（金属色印刷）渐消失下垂，表现“陷落”，也呼应了书腰上的“香港没有光”文案，版面以网格系统安排文案，书名作烫银处理。

BOOK 25

2012 年起独立从事书籍、电影海报、唱片包装等设计工作。

designer

1985 崔晓晋

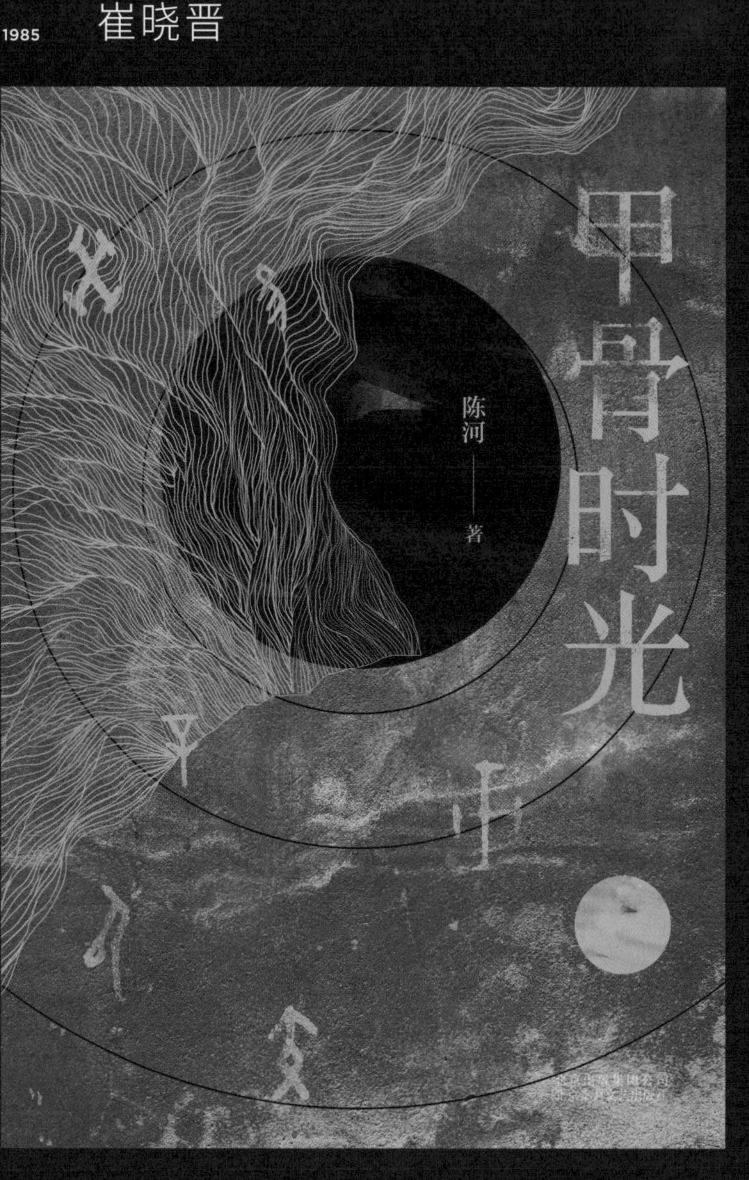

甲骨时光

147mm×209mm

〖外封用纸〗高阶映画纸
〖内封用纸〗深灰双面热熔纸
〖内文用纸〗书纸
〖印刷工艺〗内封烫压

〖编辑〗王倩
〖出版〗十月文艺

(设计师说)

本书以甲骨文考古发掘为背景，多线叙事，交错地讲述了两段奇幻瑰丽的故事。文案概括得很好："一名商朝占卜师的梦幻人生，一位民国考古学家的神秘追寻，一场迷雾重重的文化保卫战，一个热血时代与一个华丽王朝的遥远相遇。"我希望封面是有故事感的，并且富有神秘和耐人寻味的气质。

复杂的故事应该怎样落实到一张封面设计上呢？我的做法是虚实结合，实表现故事，虚表现意境。

故事中最核心的谜题就是古寺中的三幅壁画，画中用星相的描绘，来指向"宝藏"的所在。封面设计的背景就是古老的墙壁以及星空的结合，有一种时空交错的感觉。星相、甲骨，都是故事中的重要元素，

流年物语

147mm×209mm

〖外封用纸〗高阶映画
〖内文用纸〗书纸
〖印刷工艺〗内封烫压
〖编辑〗王倩
〖出版〗十月文艺

黑色圆形的部分，是三折画上日环食的变形。主元素的抽象线条画有多重含义，多线发展的故事，杨鸣条、贞人大犬波澜壮阔的人生故事，发掘遗迹以及追寻神秘文化之中重叠相交蜿蜒向前的线索，一步步走到历史的深处。另外编辑和作者还觉得很像贞人大犬的披风，是个意外的收获。

封面选用颜色表现稳定的高阶映画，设计已足够丰富，于是没有做任何的工艺。内封深灰双面热熔压烫。相比护封的绚丽繁复，内封则沉静古朴，护封是视觉的传达，内封则体现手感。意在形成一种反差，来增加书本的丰富性。三条线代表三折画，同时也有历史待人书写的含义。

习惯借于旅行来激发灵感，依赖阅读来增添思考与想象力；觉得自己很幸运，因为能把自己喜欢且感兴趣的事当成工作。至今仍觉得自己似乎没有固定的设计风格，喜欢尝试，同时也还一直不断地在探索、学习。期待有朝一日能够创作出一个属于自己的代表作，最大梦想是能够存一大笔钱然后环游世界。

designer

1983 许晋维

贤者之爱

148mm×210mm

〖**封面用纸**〗维纳斯新象牙
〖**内文用纸**〗白道林纸

〖**编辑**〗蔡凤仪
〖**出版**〗大田出版

（设计师说）

《贤者之爱》探讨了很复杂的情感关系，在作者山田咏美描绘的故事中，主角把“爱”作为一种“报仇”的手段，但这是两种极为对立的情绪，所以更显冲突。于是自己便想把这样抽象的情感状态表现在设计中，运用色彩对比较强的蓝色与桃红色来呈现，蓝色属冷色系，红色属于相反的暖色系，这样的反差能更加显著。

用一个女人仿佛承受极大痛苦的背面剪影，再融合画笔的痕迹，表现这样精神与肉体所承受的复杂心境，也呼应书中对于身体情欲的深刻描绘。而内封与女体中的笔刷痕迹，也象征着主角内心剧烈的情绪（爱或者恨）。

（编辑说）

早在编辑新井一二三《东京阅读男女》的时候，我们就积极展开山田咏美《贤者之爱》的版权洽谈。不为什么，就因为新井一二三在书中写道，连大谷崎（谷崎润一郎）都不是山田咏美的对手了……而日文版原文书腰更是写得狂妄，正面挑战文豪谷崎润一郎！

山田咏美从出道至今，一直话题不断，不论是她的生活经验或是创作的小说，总是让读者深深被俘虏而不自知。新书《贤者之爱》日文样书拿到手中时，从发译稿到找美术设计，其实心中早有特定人选，因为一份理想的译稿与设计，是读者之福也是编辑的责任。

《贤者之爱》这两样都做到了。

译者陈系美对小说的译文诠释，让编辑在构思文案与设计上有了深刻的灵感，从来回讨论译稿的信件中，我们谈到了《贤者之爱》的中心思想，女主人翁真由子对“爱”的方式，译者一句“爱得聪明，并没有比爱得愚蠢来得轻松啊”，简直如雷贯耳，一语道破整部小说的精华。

在封面设计上，与设计者许晋维讨论到小说的主要表现。阅读小说时，一直觉得这本书的封面要有浓烈的色彩，于是在讨论中我只给设计师几个关键词：身体、情欲、浓烈色彩。心中忐忑，这样的关键词够吗？但另一方面也特别期待本书的封面设计提案。

许晋维最后传来三款提案，但他说，他超乎想象地做了非常多的版本，一直在取舍中。他希望每部小说的封面设计都能有一点新的、不同以往的风貌。我想不论是小说家山田咏美、译者陈系美到美术设计许晋维，他们在每个思考点上都是几经挣扎与琢磨，而后慢慢形成了读者眼前的这本书。

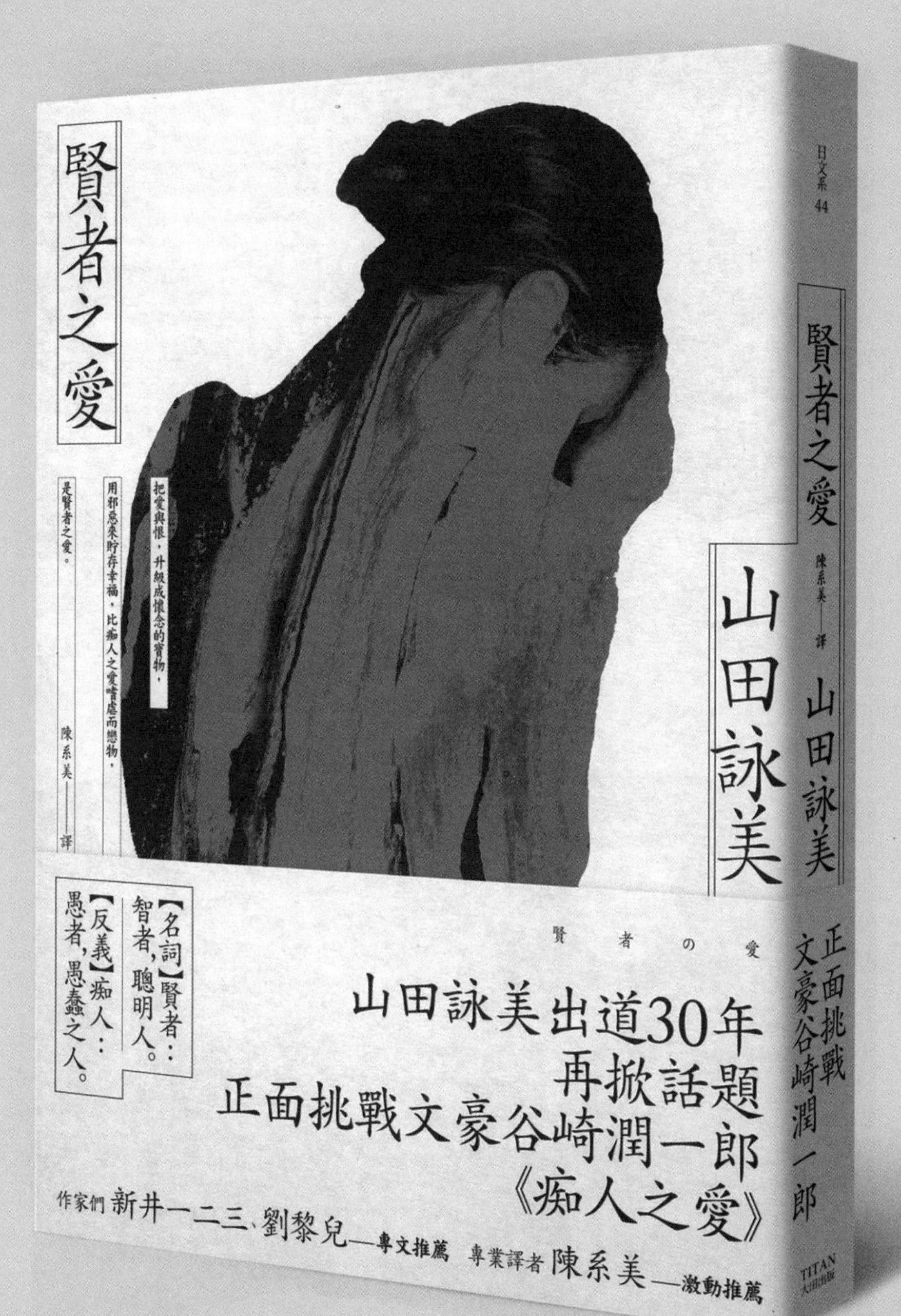

賢者之愛
把愛與恨，升級成懷念的寶物，
用邪惡來貯存幸福，比痴人之愛嗜虐而戀物，
是賢者之愛。
陳系美——譯
山田詠美
日文系 44
賢者之愛
陳系美——譯
山田詠美
【名詞】賢者：智者，聰明人。
【反義】痴人：愚者，愚蠢之人。
賢者の愛
山田詠美出道30年
再掀話題
正面挑戰文豪谷崎潤一郎
《痴人之愛》
作家們 新井一二三、劉黎兒——專文推薦 專業譯者 陳系美——激動推薦
正面挑戰
文豪谷崎潤一郎
TITAN
大田出版

THE HITCHHIKER'S GUIDE TO THE GALAXY
DON'T PANIC!
銀河便車指南
THE HITCHHIKER'S GUIDE TO THE GALAXY
THE RESTAURANT AT THE END OF THE UNIVERSE
SO LONG, AND THANKS FOR ALL THE FISH
MOSTLY HARMLESS
AND ANOTHER THING...
DOUGLAS ADAMS
EOIN COLFER
COLFER
THE HITCHHIKER'S GUIDE TO THE GALAXY
DON'T PANIC!
銀河便車指南
THE HITCHHIKER'S GUIDE TO THE GALAXY
DON'T PANIC!
銀河便車指南

银河便车指南

140mm×170mm

〖封面用纸〗晶绮纸

〖内文用纸〗环保印书纸

〖印刷工艺〗印壳精装／特色银／ UV 印刷

〖编辑〗张立雯

〖出版〗木马文化

（编辑说）

《银河便车指南》一直是我非常喜欢的作品，当初也是看了许多设计师的风格之后，决定邀晋维合作。一开始就先设定了方形的开本与精装，一方面是想呈现这部科幻小说与众不同的风格，以及反映“指南”的便于携带感（一次在友人家中看见近方形的书籍，便感到非常合适本系列的氛围）；精装则是为了强调它的经典性。等晋维的设计稿出来并确定，我们又选了充满金属感的晶绮纸印刷，并以日本月亮纸做扉页，一翻开封面就有种踏上外星球表面的感觉，我自己也非常满意。

（设计师说）

视觉构成用上很简单的元素，并运用较为简单的轮廓、形状来叙事，以呼应作者道格拉斯•亚当斯所描绘的、本来就充满惊奇的世界，也呼应这一系列科幻小说的想象力。

色彩方面，使用深蓝色作为这片浩瀚宇宙的基底，再以特色银印制的星辰为衬；通过带有特殊光影的晶绮纸 UV 印刷，形成神秘、奇幻又带着科技感的宇宙星河——并通过大量渐层，让画面能更有远近甚至动态地起伏，令这片宇宙星辰像是在流动着一般，予人浩瀚的想象。

标准字上，由于作者的笔法相当轻松幽默，所以想让这系列的标准字与一般的印刷字型有所区别，让“银河便车指南”变成一个鲜明的识别：是一气呵成的线条节奏、带点未来感，还要有些幽默。此处用了些圆边处理，让字体设计显得温和一些，然后在一些字符串上结合不规则的几何图形——灵感便是来自自己想象的未来飞行器面板。

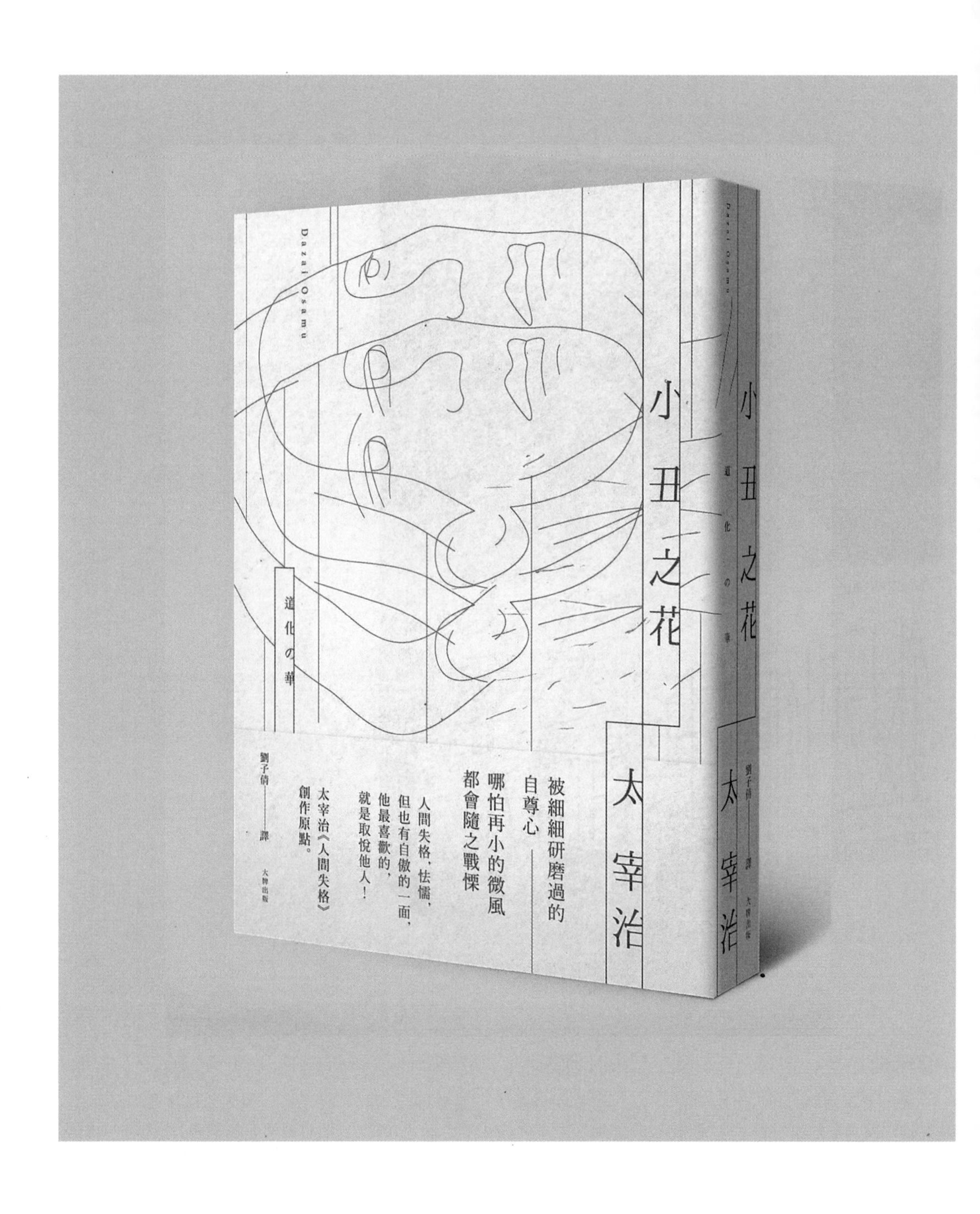

小丑之花

148mm×210mm

〖**封面用纸**〗日本 AP 中性纸

〖**内文用纸**〗LUX 雪面轻涂纸

〖**印刷工艺**〗书衣部分烫金

〖**编辑**〗李映慧

〖**出版**〗大牌出版

（设计师说）

对于太宰治这样读者皆已耳熟能详的作家，若只是一直重复着太过直觉性的设计，总觉得有些可惜。所以这次的设计便选择脱离框架、且稍微前卫些的风格来表现。

看了书稿后，可以感受到主角一种胸口的郁闷，明明是很忧伤的，但在朋友面前却又不是这么一个样子，这时期的太宰治精神状态不太稳定，所以内容留下很多空白，很跳跃，再加上故事主角某种程度地隐藏自己，便想把视觉效果做出一丝神经质的氛围。不同自己的拉扯、面对痛苦的独自呢喃，文字线条皆以特色银一色印成，然后再局部烫金，像是生命的痕迹（伤痕）深深印记着。书名、作者名文字皆有局部的掩盖，呼应主角其实隐藏着自己真实的情绪，表现在外的是不真实，像是“小丑”一样。

当代寂寞考

148mm×210mm

〖**封面用纸**〗松韵纸

〖**内文用纸**〗雪面轻涂纸

〖**编辑**〗陈琼如

〖**出版**〗木马文化

（设计师说）

《当代寂寞考》以探讨现代人的“寂寞”为题，所以色调上皆采用低彩度的色系呈现，再以些许稍有彩度的冷色调搭配，像是在一片广大孤寂的北极中，还是可以见到一丝绚丽极光的感受。视觉的处理，用了简单的图像来表现这样的“寂寞”感——一个人坐在长沙发上竖立在摩天楼顶端，感觉应该是灯火绚烂、热闹非凡，但或许因为自己内心孤独，周遭一片静默，好像这世界只有自己存在。最后再利用局部烫黑处理，让黑色之间能有不同的光泽层次，也仿佛世界中只剩下自己的存在一般寂静。

身具艺术家与平面设计师双重身份。毕业于台湾艺术大学美术系，双主修书法篆刻及当代艺术。2006 年成立 Timonium Lake 工作室，以线条（书法篆刻）为设计方法，长期和不同领域创作者合作。

I designer

1975

何佳兴

三十三场革命（何佳兴 × 张潓辉）

140mm×200mm

〖封面用纸〗日本竹尾 43 号油纸（特别版）
日本 NT 元素纸（普通版）
〖内文用纸〗上质道林
金球高白上质
〖编辑〗郑又瑜
〖出版〗南方家园

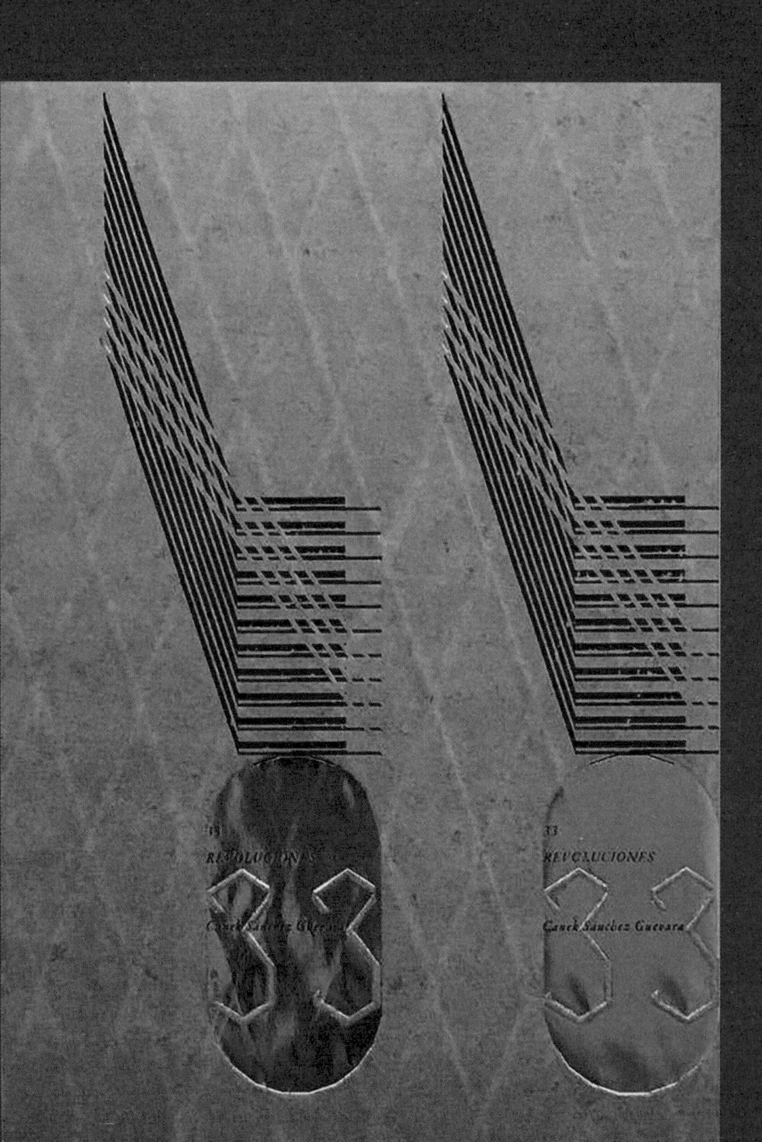

（特别版）

（普通版）

（编辑说）

《三十三场革命》不仅是卡内克创作逾十年的作品，更可从中窥见古巴与切·格瓦拉残留在作者身上的影子。于是，何佳兴在设计主视觉时，以徽章为底，象征作者身为切·格瓦拉后代的荣耀与光环之下的阴影，加入文本中一再呈现的颓废、萎靡及音乐性，融转成非明确的叙述性图像。同时，也以Yo Yang的影像，强调与文本一致的批判与纵情放肆的氛围。

这次两位设计师的合作相当特别，何佳兴的角色像提供主视觉与概念的艺术家，张溥辉则需在极短时间吸收文本和佳兴的设计图像、理念，串联整体。张溥辉紧抓着文本中相当重要的概念——跳针，以此为主轴，将所有元素兜在一起。设计上除了故意不断重复素材外，内封颠倒 Revolution（革命／转动）的前缀 R，呼应前述书本重点想法等。加工部分，在博客来网站特别版，以象征徽章的图像烫上亮银，让整体的视觉效果与设计更连成一气外，也有亮点。黑印黑的一般版本则保持低调，无色无味，仿佛当时在古巴生活的人一样，日子无香料、无调味般，周而复始，始而复周。

日曜日式散步者：风车诗社及其时代

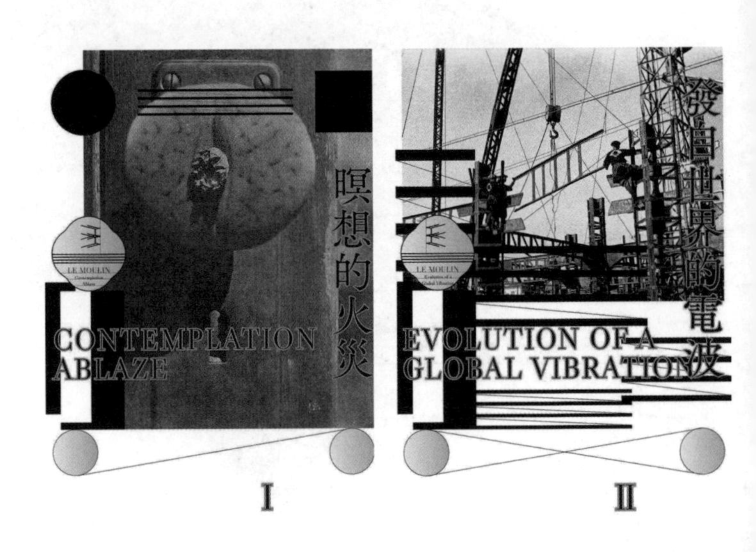

（设计师说）

《日曜日式散步者》原是一部讲述“在地”“台湾”发生的超现实主义诗社的电影。电影中饱满的影像冲击、史料古朴又前卫的设计风格，召唤设计者把“史料”“风格”“在地”“风车诗社”这些元素串连起来，运用和电影相同的材料，设计出有别于电影记录，具有独特生命力且隐含台湾精神的书。

这本书运用设计结构工法来呈现质感，混用双色、单色印刷控制成本，夹入彩色与黑银拉页呈现史料；运用黑墨调消光油制造仿古书本印刷质感；尝试负片反转印刷，先印黑再印银，创造厚重又现代的银黑色质地；荧光色、金银色设计元素，是台湾在地宫庙艺术形式的延伸。书盒与书腰，则提供稳固的结构与抢眼的视觉图像，由内而外定调“重返 1930 年代！”的精神。

160mm×220mm

〖封面用纸〗文化用纸

〖内文用纸〗文化用纸

〖编辑〗未知

〖出版〗目宿媒体

I. CONTEMPLATION ABLAZE II. EVOLUTION OF A GLOBAL VIBRATION

LE MOULIN

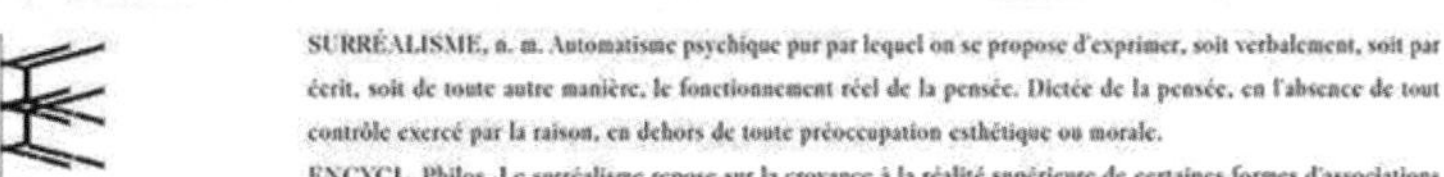

SURRÉALISME, n. m. Automatisme psychique pur par lequel on se propose d'exprimer, soit verbalement, soit par écrit, soit de toute autre manière, le fonctionnement réel de la pensée. Dictée de la pensée, en l'absence de tout contrôle exercé par la raison, en dehors de toute préoccupation esthétique ou morale.

ENCYCL. Philos. Le surréalisme repose sur la croyance à la réalité supérieure de certaines formes d'associations négligées jusqu'à lui, toute-puissance du rêve, au jeu désintéressé de la pensée. Il tend à ruiner définitivement tous les autres mécanismes psychiques et à se substituer à eux dans la résolution des principaux problèmes de la vie.

下一个世纪的星辰

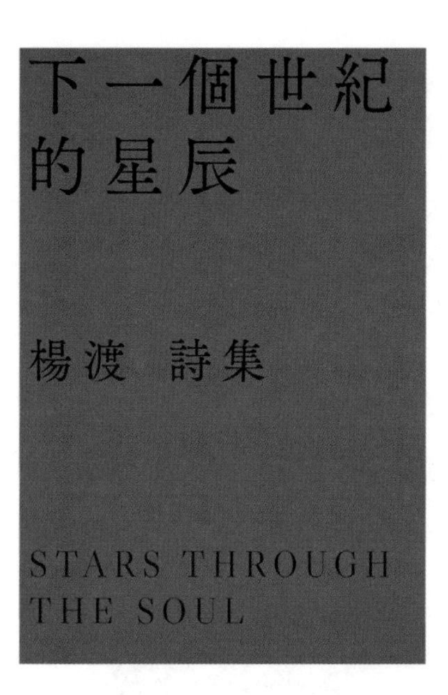

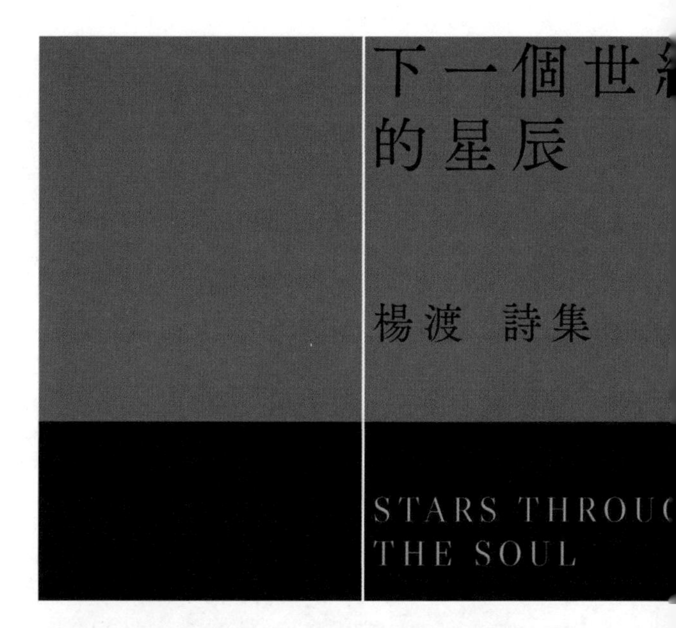

（设计师说）

书衣使用日本竹尾纸，纸质的触感如记忆里台湾圆环夜市包裹吃食的油纸，带有台味的雅俗，创作表现出圆环这一该地的常民意象。书衣上仅有极简的打凹烫黑名称，呈现诗的纯粹本质，开展抽象浪漫与精炼字句之间的张力。

圆环与迪化街，是设计师何佳兴自小生长的地方，设计上便存有对家乡的私密回忆。开门页的灵感是源于自家附近宁夏路合丰五金行的铁门。以线条与圆点来营造铁门形象，大片烫银呈现金属质感。以线条与静谧的几何结构将读者引入书中，再以画作缓下速度，过渡至文字，营造阅读节奏与氛围。

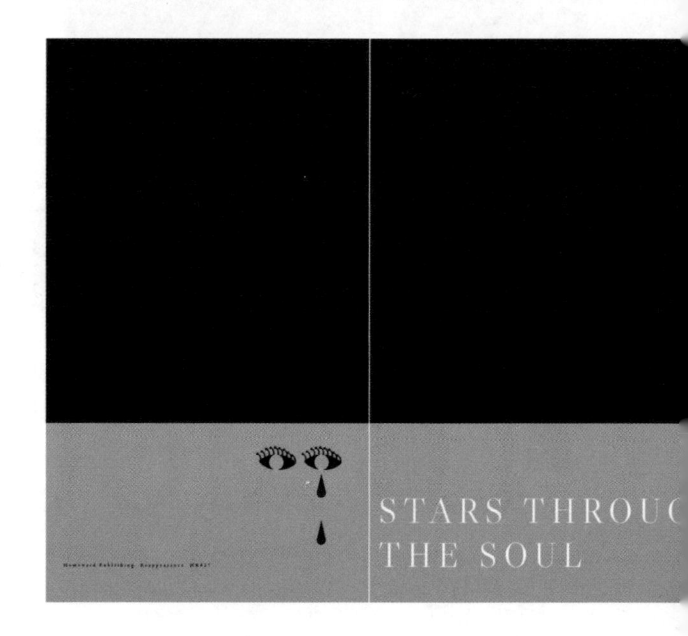

140mm×200mm

〖**封面用纸**〗日本竹尾纸

〖**内文用纸**〗纪州上质纸

〖**编辑**〗张羽甄

〖**出版**〗南方家园

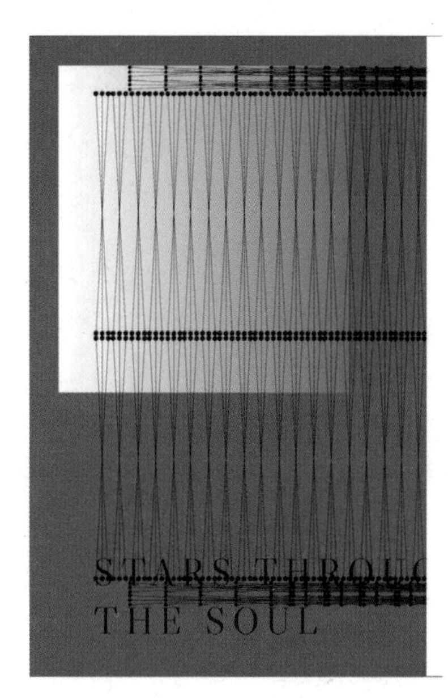

（编辑说）

设计从头到尾只花三天时间，临近出版日期才提案。

但从一年多前就选纸开始构想整体设计，考虑工法、评估成本与纸张数量及使用，思考如何从各层面展现作品价值。何佳兴发展出一种模式：于设计之初考虑纸张质感与特性，因应不同纸张性格发展设计。

“竹尾在设计生产纸张时，已有独到专精的文化内涵与美学。因此，思考用纸的脉络，会让设计和纸张如对话般地展现出来。”此外，通过前端的规划，整合设计、用纸、印刷，也能反映在时间与金钱成本上，在既有的预算结构里提升书的表现。

袁鹄，1997年从事设计工作至今，2003年成立个人设计工作室。2009年成立麦禾文化传媒有限公司并担任设计总监，2012年创立“白相文化”品牌，从事手工艺文创设计活动。

designer

1975 袁鹄

如是清凉（袁鹄×祁妙）

185mm×285mm

〖封面用纸〗布面
〖内文用纸〗日本进口丝滑纸
〖特殊工艺〗裸脊装帧
〖编辑〗谷雨
〖出版〗商务印书馆

（编辑说）

本书封面装帧设计，凸显了传统与现代理念的结合。采用裸脊装帧，既有传统线装书的感觉，又体现现代装帧气息，同时方便内页大面积跨页图的展示。封面元素，以三角形、长方形和正方形构图，现代感十足。封面正中正方形的“心赏”丛书名，以印刻形式压凹展现，封面右上角的三角形斜角压凹文字摘录了古籍刻本中的文字，宜古宜今。手书题写的书名，书法笔意尽显，个性突出。以上这些封面元素，保留了中国传统文人书法、篆刻印章、木版印刷文字的气息，与本书“文人扇”的主题相呼应，传统文化元素尽显，装帧形式和文字内容相辅相成，设计心思巧妙。封面选用的黑色布面，呼应了书中展现的主体作品“乌骨泥金扇”，设计理念清晰。并且函套采用白色草香纸设计，与黑色封面对比呼应，相得益彰。

书中环衬选用彩烙纸，运用压烫工艺，呈现书中主体作品“泥金扇面”上大块面的洒金工艺，古朴、现代完美结合。

在内文设计上，将苏扇的审美与现代设计美学融会贯通。设计师注重体现器物（扇子）本身更多的细节，真实地展现器物之美，把苏扇独有的“节奏、韵律”，以及别人不太注意的“几何性”展示出来，完整呈现苏扇器物之美。图片的陈列和排布，充满了几何图案的美感。设计师巧妙地运用现代设计语言，通过拆解、拼贴、堆叠、组合、缩放，以及整体与局部对照等手段，对制扇工艺的各个环节的展示，自然转化为现代设计元素。通常呈现

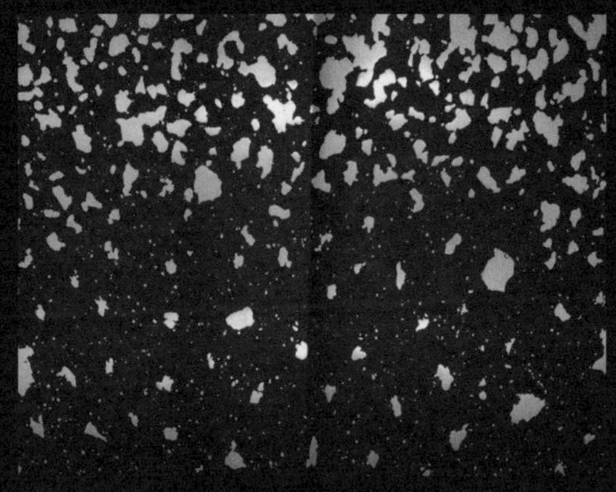

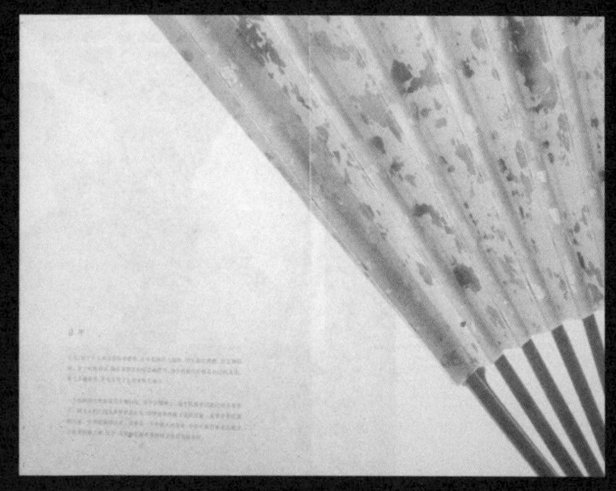

器物，会尽量把器物表现全，“不全”是大忌，这本书正好反过来，很少有全的画面，大都是局部细节展现，突破传统器物摄影概念，完美呈现传统工艺之美，赋予设计独特的审美价值。

设计者对纸张的选用有独到的见解。内文选用日本新近研发的“丝滑纸”，较真实还原图片细节、颜色，阅读时又不会反光刺眼，触摸手感还十分柔软。设计师选纸能够考虑到触感、视觉各方面的阅读愉悦性，不能不说是“精心”。

书后附有一张长达 3 米的“扇谱”做成拉页，以附录的形式出现，收录了 75 把（套）苏扇作品。拉页采用进口和纸，纸张色彩还原度好，且保留了宣纸的古意。

拉页采用进口和纸印刷，必须衬页（夹页）印刷，每印一版，须清洗印版上沾的纸页纤维，极大挑战了印刷技术。封装拉页的信封开口处，做了一个完整的“扇骨”形状的打孔设计，信封被撕开时，同时可以撕下一个完整的“扇骨”纸条，这个设计小心思，十分贴心、巧妙。

书中为展示修复古扇过程，创新性地在内文中设计了“二维码”，用手机扫一下，即可直接观看修复古扇全部过程的视频，非常直观地呈现了苏扇的制作工艺和流程，将传统平面书籍与现代网络媒体手段巧妙结合，给读者一个全新的阅读体验。设计理念非常接“地气”。

热爱文字、音乐与影像，致力于提供一种新的观看视野的可能。目前主要从事唱片包装设计、书籍装帧设计与表演艺术视觉设计等。连续五度获德国红点设计奖，并获金蝶奖、台湾金点设计奖、博客来年度书籍好设计，作品也曾入围德国 iF 设计大奖、全美独立音乐奖年度最佳唱片设计奖、金曲奖最佳专辑设计奖、澳门设计双年展奖等，并受邀至德国和上海、广州、澳门等地参展。

I designer

1984 赖佳韦

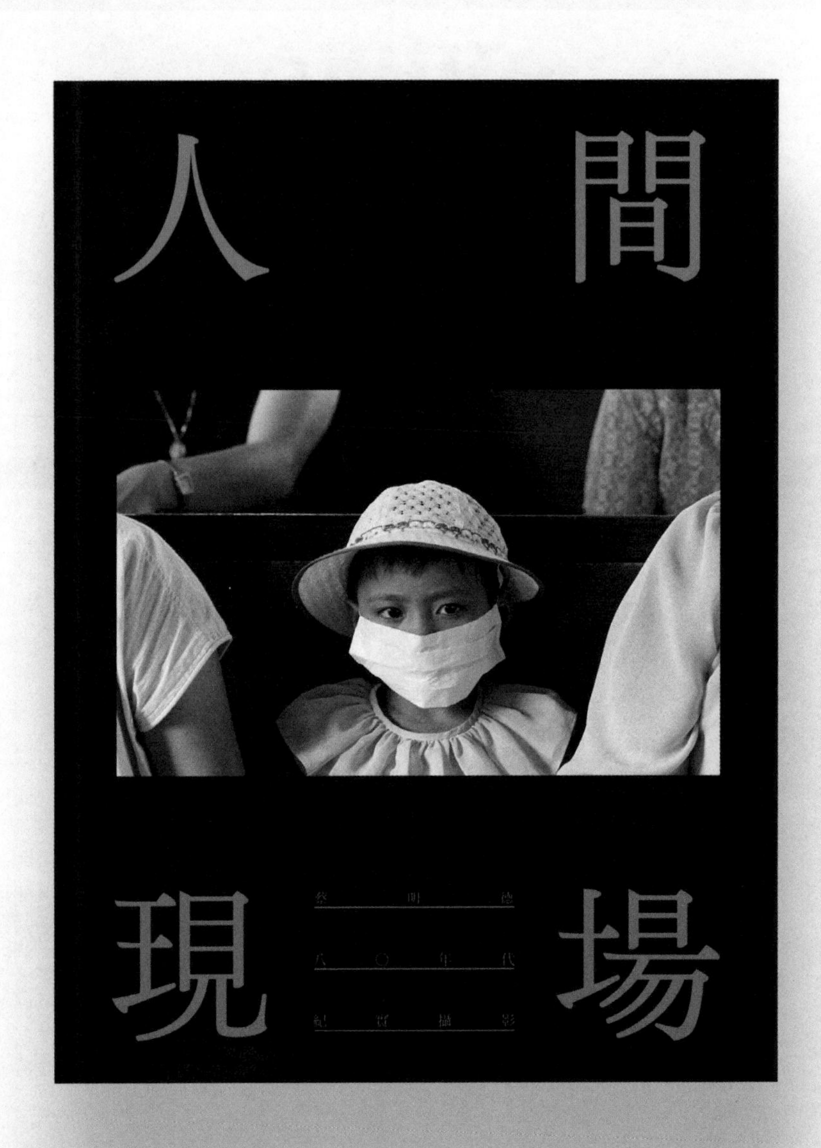

人间现场

170mm×230mm

〖**封面用纸**〗超白超雪

〖**内文用纸**〗金球高白雪铜

〖**编辑**〗郑又瑜

〖**出版**〗南方家园

（设计师说）

《人间现场》主要是选自作者在《人间》杂志工作时期所采访、拍摄的照片。虽然时隔十几年，翻看封存已久的《人间》杂志里的每一帧照片，仍可感受到满满的时代感。于是在设计的概念上，希望用谦卑的心情向往昔时代致敬，不用炫目的设计，特别选用空明朝体呈现朴实的氛围，谦卑而谨慎地串联所有元素，无需浮夸矫饰的喧哗设计手段，让影像直面观者，用影像诉说故事。

设计师。

designer

董歆昱

1989

局外人

140mm×200mm

〖**封面用纸**〗七彩棉纸

〖**内文用纸**〗瑞典轻型纸

〖**编辑**〗黄钟

〖**出版**〗果麦文化

（设计师说）

1929 年，布列松为加缪拍摄了一组照片，封面的主元素即是根据画面中加缪身着的标志性大衣所引申。

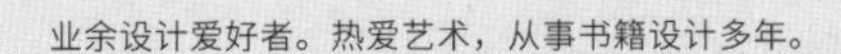

业余设计爱好者。热爱艺术，从事书籍设计多年。

designer

1985 张静涵

去他的戒律

130mm×184mm

〖封面用纸〗铜版纸
〖内文用纸〗未知
〖特殊工艺〗书名镭射烫金
〖编辑〗黄杏莹
〖出版〗后浪出版

（设计师说）

封面设计和内容具有统一性。通过素材的拼贴表现小说内容，以儿童为视觉中心来表现孩子的生活、内心世界和战争的经历，红色调表达出小说的整体情绪感。人物情感的表现是设计重点。

台湾云林科技大学视觉传达设计系毕业，现职为自由接案平面设计师。设计作品多以表演艺术、舞团、剧团、流行音乐唱片和书籍等艺文类平面设计为主。

designer

1987 张闵涵

桃红柳绿 生张熟李

134mm×210mm

〖**封面用纸**〗未知
〖**内文用纸**〗未知

〖**编辑**〗刘霁
〖**出版**〗一人出版

（编辑说）

此书为作者多年来的随笔与摄影结集，作者希望书能呈现笔记本的随性，文字、图像、便利贴与贴纸交杂的感觉，因此书封选用类似笔记本质感的纸，将文案与相片等元素转化为贴纸，随兴贴上，让封面更具活泼的立体感。

（设计师说）

读过《桃红柳绿 生张熟李》内容后，觉得此书大多为利落的随笔、极短篇小说，于是想尽量在外观上，呈现有着人为使用痕迹的笔记本形象。

封面纸材为粗糙强韧的触感，底图衬着不同皱折痕迹的笔记格式，压上斑驳的文字，搭配两张文字贴纸，因应书名选用荧光粉、荧光绿，贴纸造型及荧光色均是为了与封面感觉有强烈的对比，以设计的手法去连结那优雅并有强度的内文。

香港出生，现任文化品牌“看理想”设计总监。在香港从事书籍装帧设计工作十多年，其间曾游学巴黎两年，并习版画于巴黎17号版画室。2000年迄今居于北京，从事装帧设计、出版策划等工作。参与设计的书籍曾获奖达40多项。他设计的书包括：《我们仨》《安徒生剪影》《洛丽塔》《作文本》《创意市集》、上海译文出版社的杜拉斯作品系列、米兰·昆德拉作品系列、奥尔罕·帕慕克作品系列等。

designer

陆智昌

我脑袋里的怪东西

160mm×235mm

〖**封面用纸**〗环保高棉纸

〖**内文用纸**〗胶版纸

〖**特殊工艺**〗封面四色加烫金

〖**编辑**〗王玲

〖**出版**〗世纪文景

（编辑说）

这是诺奖得主奥尔罕·帕慕克在2006年获奖后的另一部长篇大作。紧随《纯真博物馆》，讲述伊斯坦布尔街头小贩的故事。如大家所了解的帕慕克，他能写能画，应作者要求，封面在一幅照片及一张他手绘的画作间选择。没有任何犹疑，当然是放作者的手绘图，就是目前的样貌。在设计的处理上，将此幅图相对完整呈现出来，把书名用烫金嵌入街道中。

未经作者证实，我们无法考证此幅手绘图画创作于何时。但从作者处辗转提交而来的扫描图片可清晰看出，这幅黑白线条的手绘图画纸张边缘泛黄，显然已经过了一段时间。而仔细辨别外封的封底可看出是画在一个带有横线条的本子上，本子的外侧标记有数字，下方还有天气与温度的指示图标。作品的内封应该是相同本子上创作的另一幅画。腰封的正面也同样，出自同一本子上的画作，成书封时经设计师之手做了不同部分的拼贴与组合。腰封背面的人物形象则是作品主人公的完美呈现。

对我而言，外封正面这幅手绘图是一人立于城市一角的高处仰望着整个城市的楼宇海洋，这里就是他的人生与梦想。腰封正面的图案是有些读者可能会忽略的部分，除了街道，如果你仔细看左右两个人物，左侧的蓝裙女子与右侧的绿衫男士，他们的眼睛用一条长长的黄线清晰地连接。“只因为在人群中多看了你一眼”，这正是主人公情感纠葛的来源。腰封下方蓝色的部分，就是国人对伊斯坦布尔较为熟悉也是当地极为知名的蓝色清真寺。

腰封正面的一些土耳其语文字是作者为图所配，无从得知是因图生文，或先文再图。但这段文字很美，特别翻译出来与读者共享：

他（她）将陶醉于伊斯坦布尔的空旷和美丽。伊斯坦布尔如此美丽、真实和独特，让我、其他人以及懂她的人感到某种骄傲和幸福。我很想在大岛写小说、游泳度日。大岛上有一种惊人的静谧和浓厚的田园气息，我极喜欢。

我脑袋里的怪东西
Orhan Pamuk
Kafamda Bir Tuhaflık

摩天大楼

130mm×200mm

〖**封面用纸**〗艾丝

〖**内文用纸**〗银河书纸

〖**特殊工艺**〗烫黄

〖**编辑**〗张诗扬

〖**出版**〗理想国

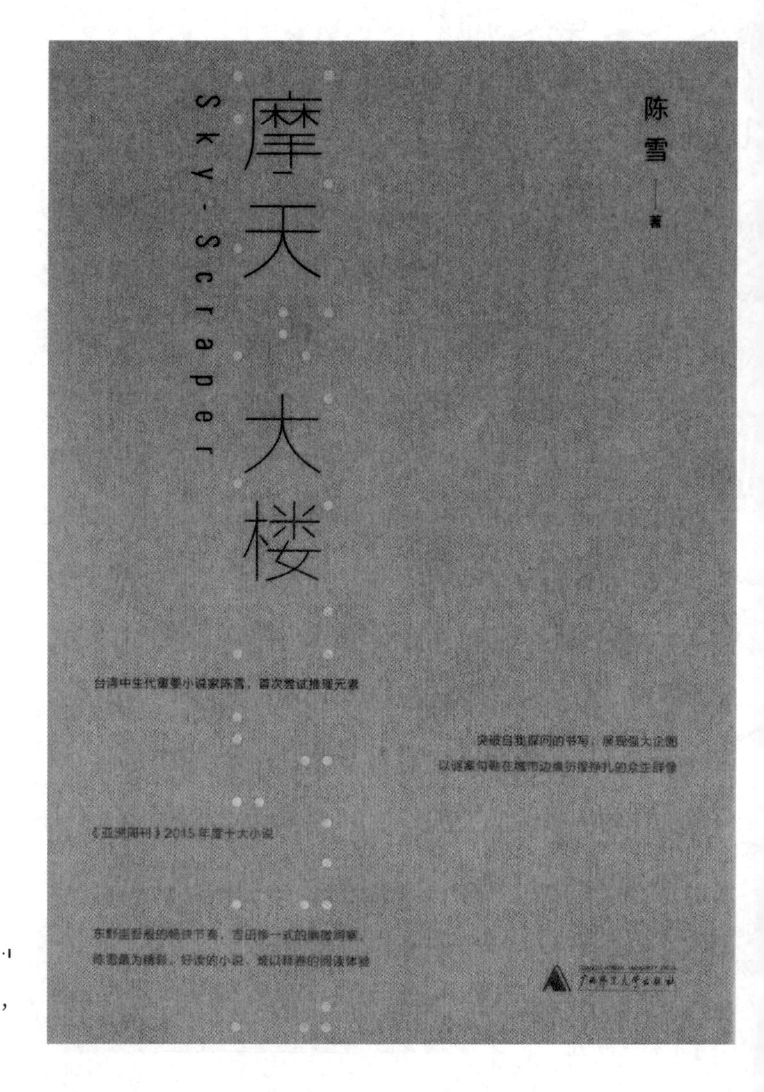

摩天大楼
Sky-Scraper
陈雪
著
台湾中生代重要小说家陈雪，首次尝试推理元素
突破自我探问的书写，展现强大企图
以谜案勾勒在城市边缘彷徨挣扎的众生群像
《亚洲周刊》2015 年度十大小说

（设计师说）

这些理性的地景式拍摄风格，有文学上的未知的暗示和高度。

（编辑说）

这本书的设计是我跟陆老师第一次合作，写这篇说明的时候翻回当时的来往邮件，发现笨蛋一样的我当时肯定给陆老师添了不少麻烦（当然现在还是在一直添麻烦……哎）。

这本书写的是发生在一幢摩天大楼里的凶杀案，虽然关于被杀害的女孩的故事非常凄美动人，会抓住读者一直看下去，但我觉得这座犹如巨大矿石碑、矗立在繁华台北市郊，与 101 大楼遥遥相望的摩天大楼，才是这本小说最厉害的主角和存在。住在它里面的居民们拼命想过上更好的生活，但终究被困在这城市与乡村的“灵薄狱”之间。

开始我想到了将一组 Laurent Kronental 拍摄的巴黎郊区一个荒废了的后现代居住群的摄影作品推荐给陆老师，但是后来感觉不对，可能是因为，就算都是后现代的居住群，华文语境与西方语境下的摄影，还是会有根本的区别吧。

陆老师后来很神奇地变出了现在这版的封面，全书笼罩在一种悬疑和后现代的 vibe 之中。整本书仿佛是笼罩在《银翼杀手》最后一幕的大雨中的城市，令人想起那段经典对白：“我所见过的事物，你们人类绝对无法置信。我目睹了战船在猎户星座的端沿起火燃烧，我看着 C 射线在唐怀瑟之门附近的黑暗中闪烁。所有这些时刻，终将流逝在时光中，一如眼泪消失在雨中。”

很有节制的烫黄点，像是巨大沉默的高楼里发出的些微闪光，又像是后人类废墟中传出来的摩斯密码。

这本书真的是我最喜欢的陆老师的设计之一。虽然后来他又给我设计了好多超美的封面。可能是因为这是跟他的第一次合作吧。

追风筝的人（珍藏纪念版）

150mm×229mm
〖**封面用纸**〗壳面（骊帛）
〖**内文用纸**〗纯质
〖**编辑**〗陈欢欢
〖**出版**〗世纪文景

（编辑说）

《追风筝的人》珍藏纪念版，包括布面函套精装的《追风筝的人》和收录了数十张关于阿富汗照片的别册。

这些照片的摄影者路易吉·巴尔代利是意大利著名摄影师。过去的二十年间，他数次前往战乱频仍的阿富汗，用他的镜头记录下了战火中的阿富汗与普通阿富汗人的生活。

如果对比美国版和意大利版，会发现这两个版本都把这些照片作为正文插图使用，但我们觉得纪实性很强的照片和小说内容其实不是很匹配，在跟设计师陆老师讨论这本书的时候，他提出可以请摄影师增补拍摄手记和其他相关资料，使这个部分单独呈现。

联系上摄影师后，他很快发来了摄影手记和图片说明文字。陆老师选用了一种记事本封皮质感的 PVC 材料作为别册封面，又把别册的名字“灰尘，机枪，和友善的面孔”以压凹的方式表现。

尽管当时做这个版本的时间特别赶，但最后呈现的效果还挺好的，主要归功于陆老师丰富的经验和精益求精的态度。

生于炎热的南国，无法抉择猫与狗到底比较喜欢哪一个。曾任职于知名杂志美术设计。擅长书籍装帧、平面活动视觉、品牌形象设计等。作品曾收录于台湾海报双年展年鉴、PACKAGE IN THE WORLD、GREEN PACKAGE SOLUTIONS、Pick My Desy。

I designer

1991 张岩

下雨的人

148mm×210mm

〖**封面用纸**〗松韵纸
〖**内文用纸**〗雪面轻涂纸
〖**印刷工艺**〗烫黑／打凹

〖**编辑**〗杨淑媚
〖**出版**〗时报出版

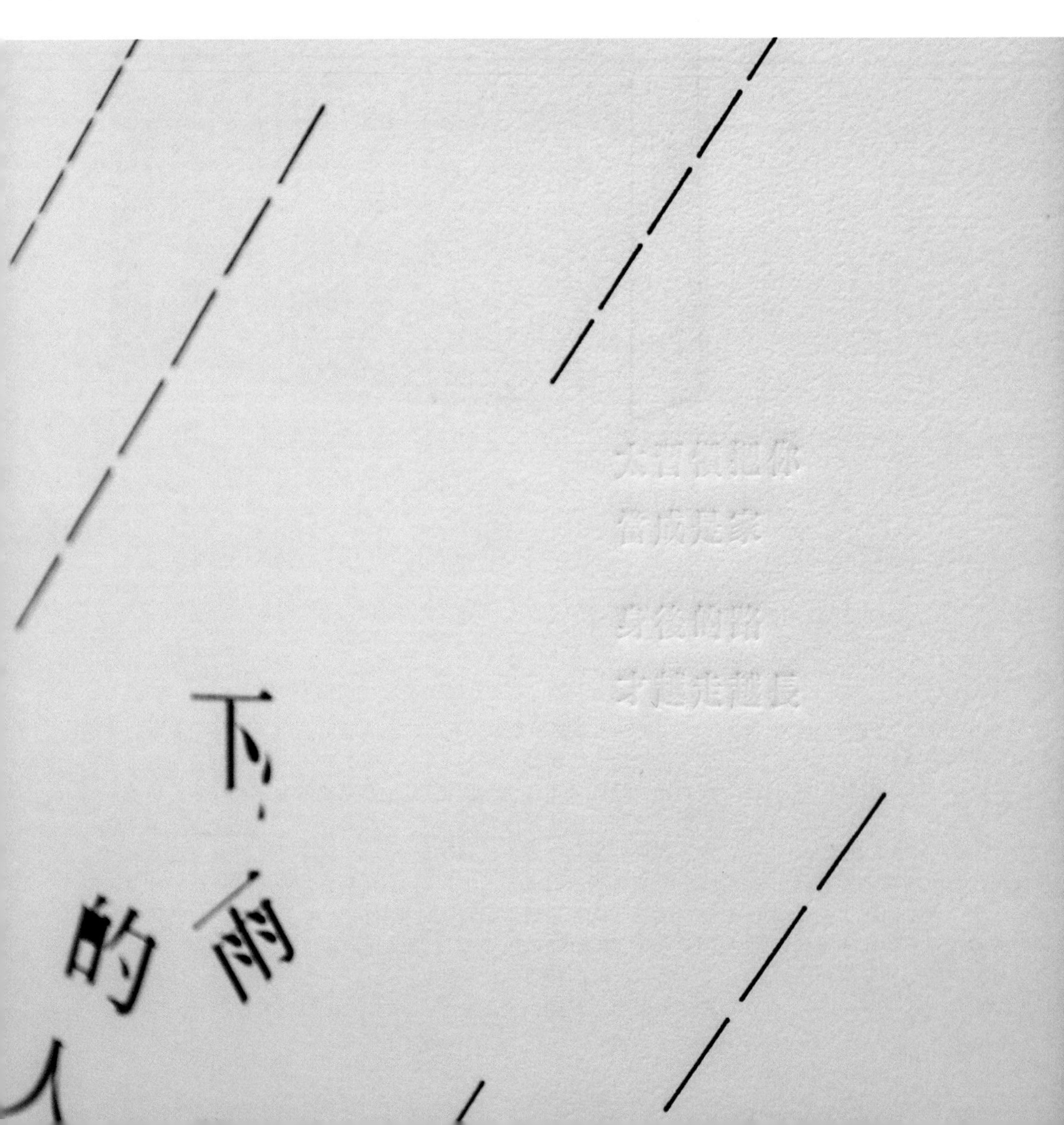

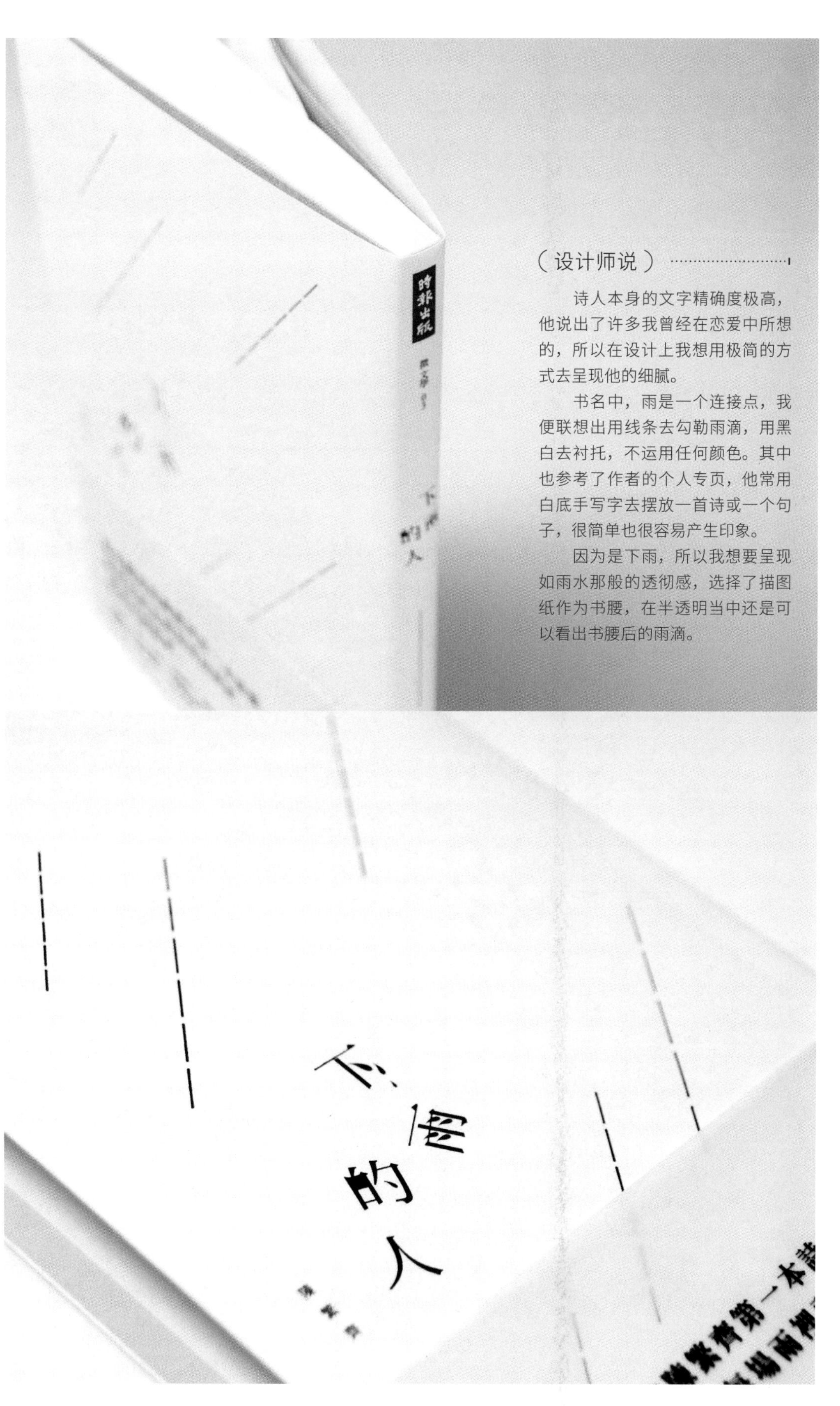

（设计师说）

诗人本身的文字精确度极高，他说出了许多我曾经在恋爱中所想的，所以在设计上我想用极简的方式去呈现他的细腻。

书名中，雨是一个连接点，我便联想出用线条去勾勒雨滴，用黑白去衬托，不运用任何颜色。其中也参考了作者的个人专页，他常用白底手写字去摆放一首诗或一个句子，很简单也很容易产生印象。

因为是下雨，所以我想要呈现如雨水那般的透彻感，选择了描图纸作为书腰，在半透明当中还是可以看出书腰后的雨滴。

国际平面设计联盟（AGI）成员，中国出版协会装帧艺术工作委员会主任委员，刘晓翔工作室（XXL Studio）艺术总监，高等教育出版社编审、首席设计。三次获得德国莱比锡“世界最美的书”奖，十七次获得“中国最美的书”奖，2013 年获韩国“坡州图书奖・书籍设计奖”（成就奖），2013 年、2016 年获得“中国出版政府奖・装帧设计奖”，1999 年、2004 年“全国书籍装帧艺术展览暨评奖”金奖，2017 金点设计奖年度最佳设计奖，2018 年入选东京 TDC 赏。

designer

刘晓翔

纸上端砚博物馆

298mm×422mm

〖封面用纸〗黑色触感纸／黑细布包
〖内文用纸〗富士樱花
〖印刷工艺〗封面烫黑漆片／烫黑金／正文四色印刷
〖编辑〗林玉洁／李木子／石勃
〖出版〗广东教育出版社

长征颂歌

240mm×313mm

〖封面用纸〗红色亚麻布包

〖内文用纸〗新美雪

〖印刷工艺〗封面压凹／正文四色印刷

〖编辑〗林增雄／陈曼／马琳

〖出版〗广西美术出版社

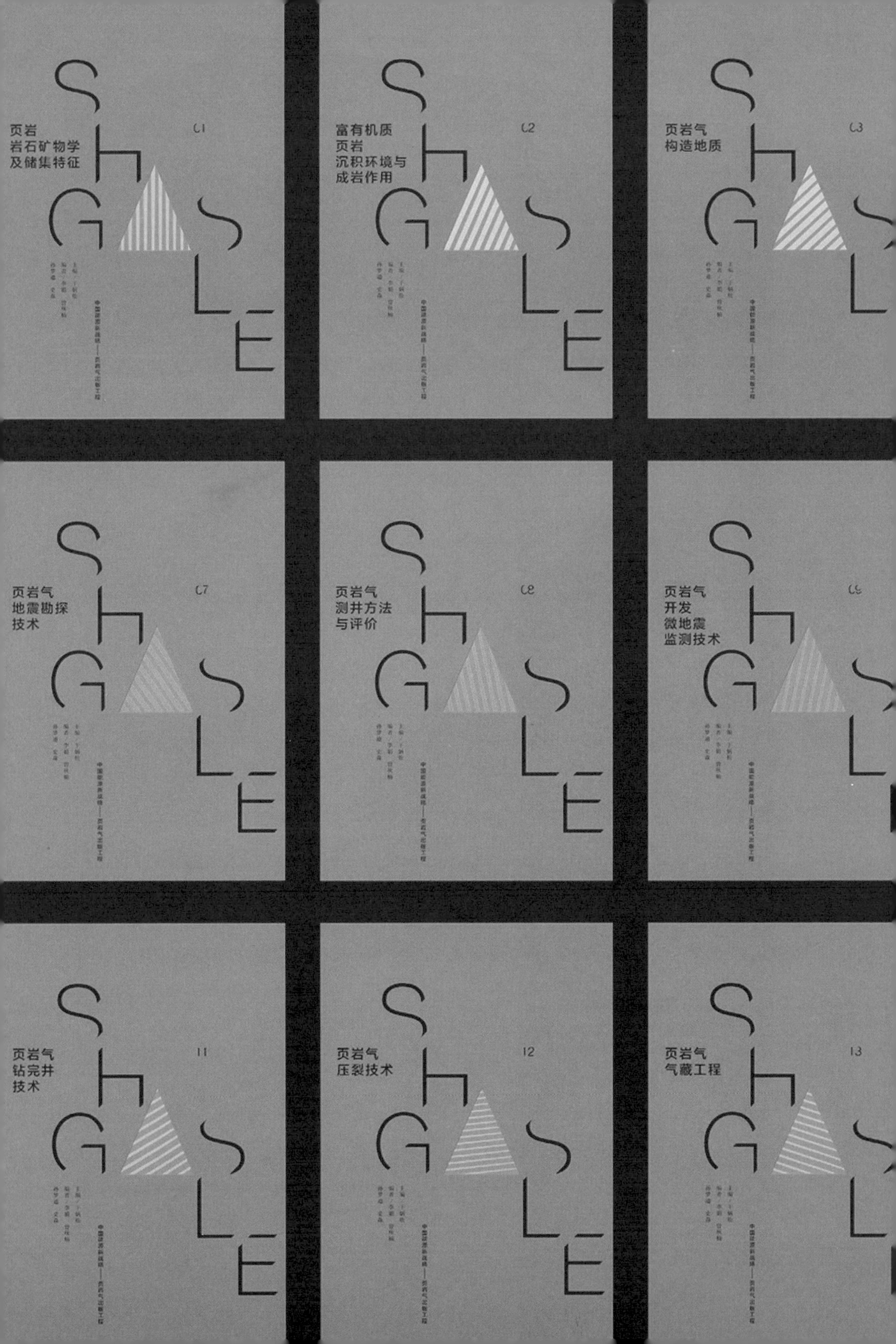
01
页岩
岩石矿物学
及储集特征
02
富有机质
页岩
沉积环境与
成岩作用
03
页岩气
构造地质
07
页岩气
地震勘探
技术
08
页岩气
测井方法
与评价
09
页岩气
开发
微地震
监测技术
11
页岩气
钻完井
技术
12
页岩气
压裂技术
13
页岩气
气藏工程

富有机质页岩沉积环境与成岩作用

177mm×247mm

〖封面用纸〗王子五彩纸
〖内文用纸〗胶版纸
〖印刷工艺〗封面印黑／烫黑／模切／击凸／四色印刷

〖编辑〗马夫娇
〖出版〗华东理工大学出版社

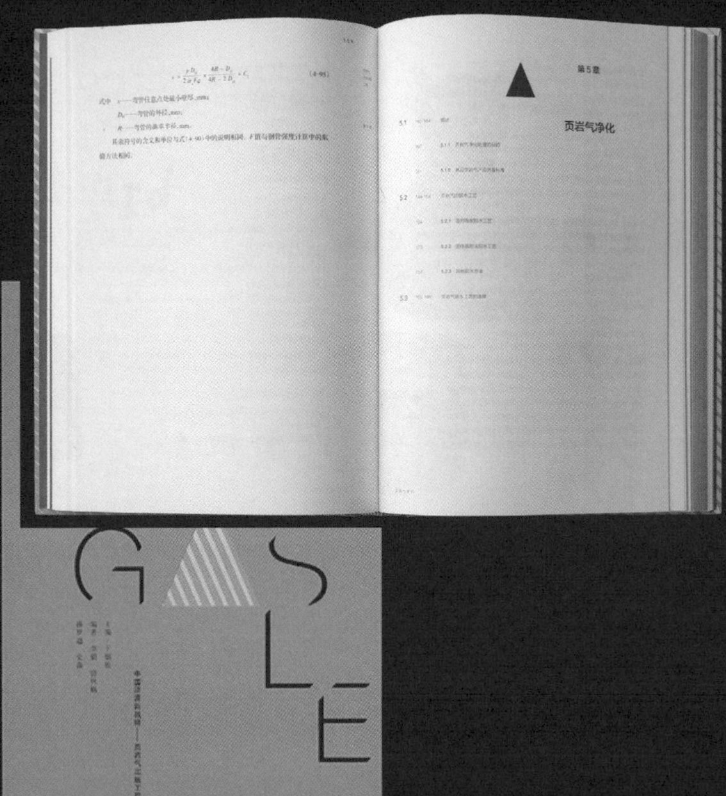

马慧敏与郭成城。国际平面设计联盟（AGI）会员，曾获得第 87 届纽约 ADC 银方体奖，第 89 届纽约 ADC 铜方体奖两项。2011 年德国莱比锡“世界最美的书”奖。2007 年深圳 GDC 双年展全场大奖、形象识别类金奖、出版物类金奖。2009 深圳 GDC 双年展金奖。第六届全国书籍设计艺术展金奖，第七届全国书籍设计艺术展最佳设计奖两项。2009 香港设计师协会银奖。2010 伦敦 D&AD in book 创意奖两项。2004、2005、2006、2007、2010 年“中国最美的书”奖。

I designer

小马 & 橙子

迷你

95mm×120mm

〖封面用纸〗优感书画纸
〖内文用纸〗优感书画纸
〖印刷工艺〗面敷触感膜／书脊和壳面之间垫拉伸背纸／切口激光喷绘 emoji 图

〖编辑〗张维
〖出版〗重庆大学出版社

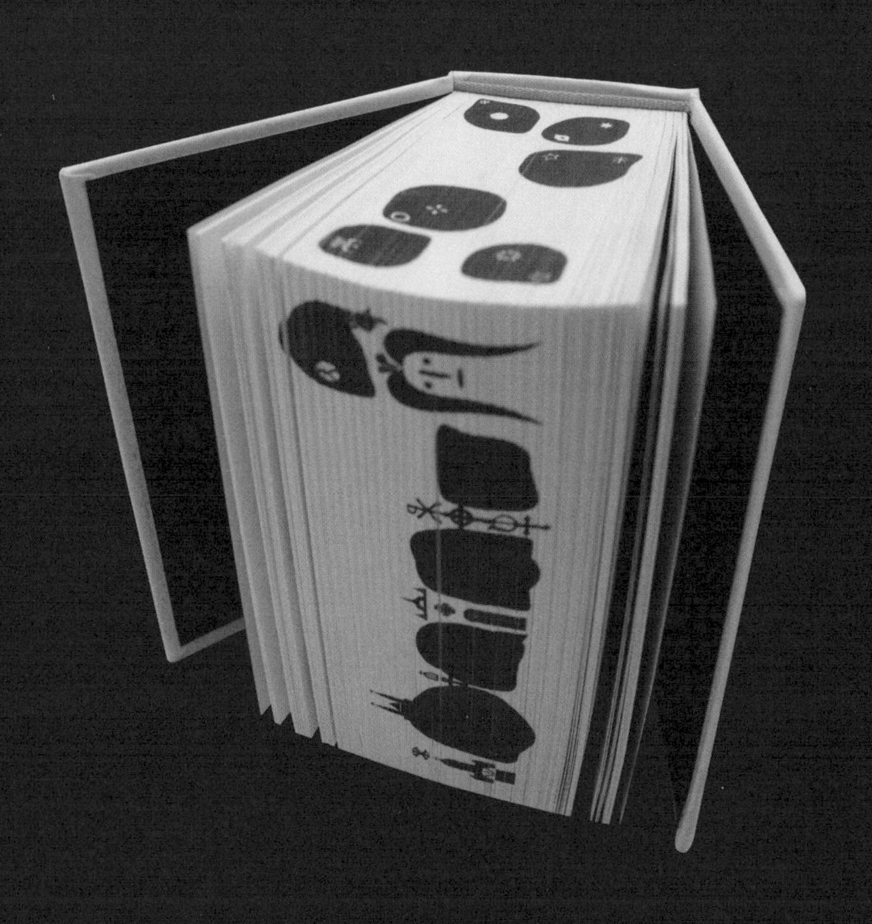

（设计师说）

为全书设计了一套绘文字（emoji）图标，读者不用看文字，仅看绘文字图也能理解全书的内容。这是将网络语言转化为书面语言的一种尝试，网络中绘文字是一种交互式语言系统，而在传统书中，它又成为一种符号化语言与插图的结合体。绘文字的元素就像细胞，多元素的细胞构成了一个迷你世界，也符合该书的主题。

此外，作者提供了几百张街头涂鸦照片，设计师为了将风格不一、色彩冲击力不同的图像元素统一到一个小小的迷你世界里，对每张图片都进行了处理。既保留原有的图片内涵，又在视觉上找到了一个平衡点。

切口的绘文字图案，印厂和设计师采用了多种方式，如热转印，丝网印等等，最后选择了激光喷绘。

（编辑说）

btr 是一个特别风趣的作者，喜欢旅行、拍照、写作。刚收到他的稿子的时候，发现是一本迷你小说集，300 多篇无厘头文章，共计一万多字。如果按传统的文学出版方式，即便采用诗歌的排版方式，也就 300 页。估计还会让很多读者认为我们是在卖纸，很难让人发现它的趣味和魅力。

偶然想起他喜欢在 INS 和微博上发布自己的摄影作品，就叫他传了几百张过来，和设计师一起从照片中找线索。后来我们发现其摄影作品中，城市主题很多，并且大多数城市都有自己独特的涂鸦或有趣的视觉图像。就决定将他的摄影作品和文字相结合，打造一个迷你小世界。

设计师还从生物细胞得到灵感，打造了一套 1000 多个绘文字，仿佛是这个迷你世界的独特语言，作者反而成了一个译者，用人类的语言在翻译解读着这个世界。

台湾科技大学工商设计系毕业，台湾艺术大学应用媒体艺术所肄业。洛杉矶十八街艺术中心驻村艺术家；国际平面设计联盟（AGI）会员。创办工作室“永真急制 Workshop”，擅于以视觉制造别于大众的张力及刺激。十年来他们更用设计为华语流行音乐、出版、表演艺术和公共议题，带来新的想象并塑造出全新的景观。

I designer

1977

聂永真

在田中央

145mm×200mm

〖外封用纸〗草香纸
〖内封用纸〗灰纸板
〖内文用纸〗雪嵩纸
〖印刷工艺〗裸背穿线胶装，同时分段处理穿线，用五种不同颜色线
〖编辑〗林怡君
〖出版〗大块文化

photo by 李盈霞

（设计师说）

黄声远主持的宜兰田中央事务所，是台湾建筑界的异类。田中央的作品参与设计者众，作品均经历无数次修调，最后成品就像案发现场，过程的每一步像是线索。

黄声远形容这是一本侦探小说。书衣上我们仅用四个色块简单构成“田”的抽象形。田中央、宜兰、城乡与其作品所在的环境意象，对我来说代表了同系而不同混色的绿，也是书衣上最重要的组成。内封以灰纸板热压锌板空模，图案是田中央国际巡回展的主视觉标志。内页设计希望跟随田中央的建筑个性，让文字区块看起来是自由的、有时小小地脱离规则。

此书略小于 A5 尺寸，天地留白较多，每单页字数较常规开本裁减 15 字左右，让文字密度更适阅读。本书定稿页数为 432 页，加上开本较小，前后以各 8 页的铜版双牛纸作为扉页，叠加内外封后的成书厚度约落在 3.5～4cm 之间，拿在手上的重量适中。除了视觉比例上的三维量感较好，也表达出建筑类书籍的稳实，内页选用纸性松厚的 70g 瀚文雪嵩纸可接近其量感。装订采用裸背穿线胶装，同时分段处理穿线，由上而下依序选用五条大地色与绿色线，此细节做在被书衣覆盖住的书体侧边与书页的每台跨页间，希望读者在第二时间会发现。

上述的设计制作，增加了印制成本，但我们希望田中央的第一本书能够因为设计的对待，让它在书架上成为一个小小特别的存在，让这本书的重要性能够被更多的读者看见。

月光之东

130mm×186mm

〖**封面用纸**〗描图纸／MAG 纸

〖**内文用纸**〗米道林纸

〖**编辑**〗戴伟杰

〖**出版**〗青空文化

（编辑说）

《月光之东》书名本身很有想象空间，原本粗浅的想象是一轮明月高挂空中，然而在与永真讨论的过程后，为突显书中那种带灰色、不明朗的气氛，遂将设计重点从“月”本身转而如何呈现暗夜之中月微微发出的“光”。最后以光晕的轮廓线等线条元素，佐以描图纸营造出的朦胧感，意象极简，却工艺繁复，富涵深意。

（设计师说）

书中神秘女子塔屋米花说“到月光之东来找我”后，就消失了，这个如暗号般的咒语，许多人因这句话开始勾扯在一起。

塔屋米花看到的月，应该是悬浮在夜中幽暗未明的月吧，因此以深邃黑景为夜幕，加以抽象极简的线条呈现方位语意（东），与光晕的轮廓线。书名设计的部分则是低调地安排在这个位置，让各个元素处于一种灰色、不明朗、不突显的关系。

封面原先预想使用透明纸，可惜取得方法与印刷的限制改使用了描图纸。装订像是早期的经书一样，对折后再装订，而因为纸张为半透明，所以里表两面也印上了黑夜与月的轮廓线，当交叠时可以互相透出。加上前扉页的第二页至四页，刻意安插连续的黑夜景图。让夜的意象从封面漫入内文，也显得更有层次。

正封侧边使用卡纸沿书背延伸至封底，固定书脊加强整本书的稳定度。

月光之東

TERU
MIYAMOTO

宮本輝

月光の東

月光之东
月光の東
MIYAMOTO TERU
宮本輝

毕业于南京艺术学院。设计图书包括《最初的爱情，最后的仪式》《东京记》《雪落香杉树》，以及《焚舟纪》《霍夫曼博士的魔鬼欲望机器》等安吉拉·卡特系列作品。

designer

丁威静

1980

英雄与恶徒

安吉拉·卡特

刘慧宁 - 译

安吉拉•卡特作品

130mm×195mm

〖封面用纸〗白色雪莎
〖内文用纸〗雅质

〖编辑〗王明娟
〖出版〗上河卓远

Angela
Carter
Love
爱
安吉拉·卡特
柴纽－译

Angela
Carter
马戏团之夜
安吉拉·卡特
杨雅婷－译

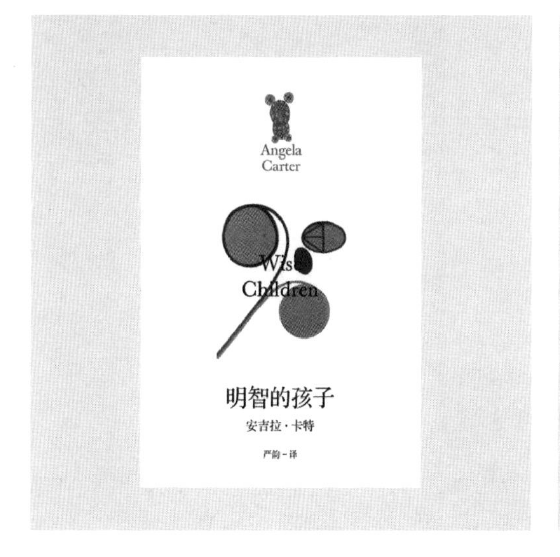
Angela
Carter
Children
明智的孩子
安吉拉·卡特
严韵－译

Angela
Carter
新夏娃的激情
安吉拉·卡特
严韵－译

中央民族大学美术学院教授，视觉传达设计系主任。中国出版协会装帧艺术工作委员会副主任。设计作品曾获德国莱比锡“世界最美的书”金奖、香港印制大奖全场金奖、中国出版政府奖装帧设计奖等。

designer

1965 张志伟

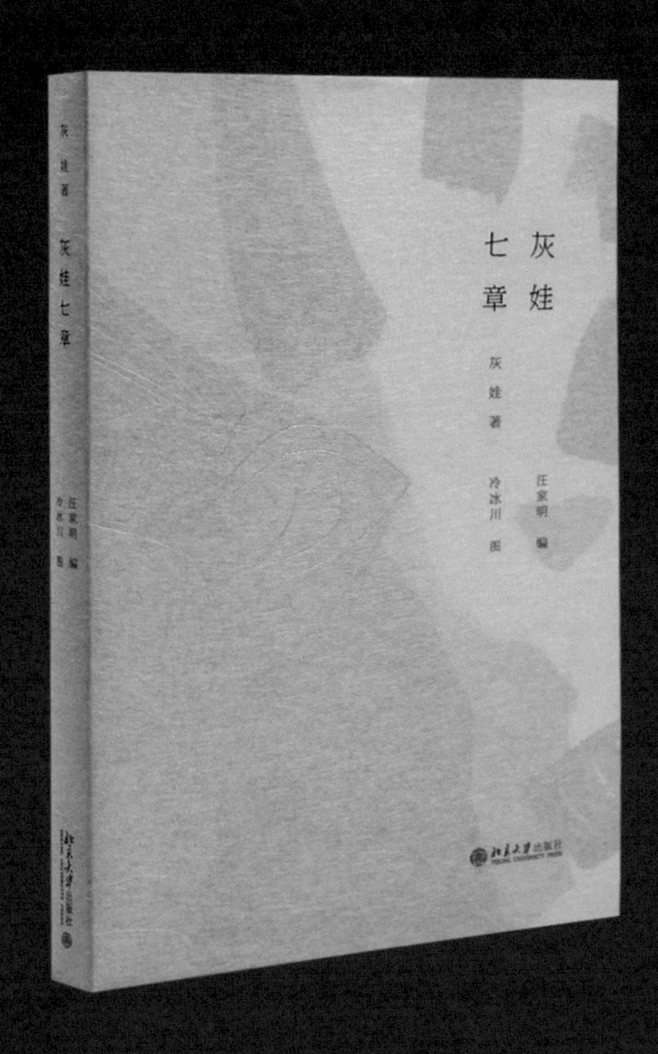

灰娃七章

210mm×135mm

〖封面用纸〗新和纸／里纸

〖内文用纸〗超感极致／字典纸／石斑棉絮

〖印刷工艺〗护封印刷专色，烫黑和无色电化铝，纸面折叠。内页双色印刷，按印张夹订字典纸

〖编辑〗张丽娉

〖出版〗北京大学出版社

（设计师说）

年近九旬的诗人灰娃，是经历过延安时期的“文青”（著名画家张仃先生的夫人）。灰娃诗集内的全部背景为浅灰基调专色印刷，是设计者拍摄的斑驳老墙、岩石肌理、婆娑树影、乌云天空、干涸土地等图片的虚化，来契合诗集中怀念张仃、抑郁症、忆旧、怀乡等沧桑阅历的内容，也是诗人性格的写照。诗句和画家冷冰川特意创作的插图，选用掺有银色油墨的深灰色印刷，强化和构成了灰色的多重变奏。诗歌、手稿、插图用三种轻型纸张的变化，使视觉和手感产生翻阅变化。护封选用手感柔软但有韧度的半透明纸，将大幅插图运用深灰专色印刷，折叠后产生朦胧和抽象的淡灰色块，纸张正面人物头部线条烫珍珠白色，如同诗人的白发。

台湾装帧设计师。后浪出版公司设计总监。

designer

陈威伸

河流之声

140mm×203mm

〖外封用纸〗描图纸／棉彩速印
（双层外封）

〖内文用纸〗书纸

〖编辑〗张亦非

〖出版〗理想国

（编辑说）

《河流之声》以加泰罗尼亚小镇为背景，讲述一个关于谎言与真相、爱情与背叛的历史故事。年迈的贵妇、背负双重身份的小学教师、各自保守秘密的镇民在交错的时空中出场，构成一幅西班牙社会的全景图。

为了体现小说中交织的故事线与繁复的意象，设计师首先将“河流”的概念转化为宝蓝色的硫酸纸书衣，内封则是书信，表达情绪，代表河流的书衣覆盖其上，揭开之后，文字及其承载的记忆就被翻阅出来，如同小说中尘封多年的往事再度揭开。本书作者乔莫•卡夫雷希望以书写抵抗谎言与遗忘，而书的装帧设计与作者的创作理念不谋而合。

香港平面设计师，毕业于香港浸会大学视觉艺术系。毕业后曾从事平面设计、包装设计等工作。因缘际会踏入书籍设计领域，发现通过书籍设计，能将文化“立体地”传递开来。相信每一个文本都有其独特的面貌，并喜欢以“窥探、理解与重组”的方式，将其独有价值体现出来。

designer

1989 姚国豪

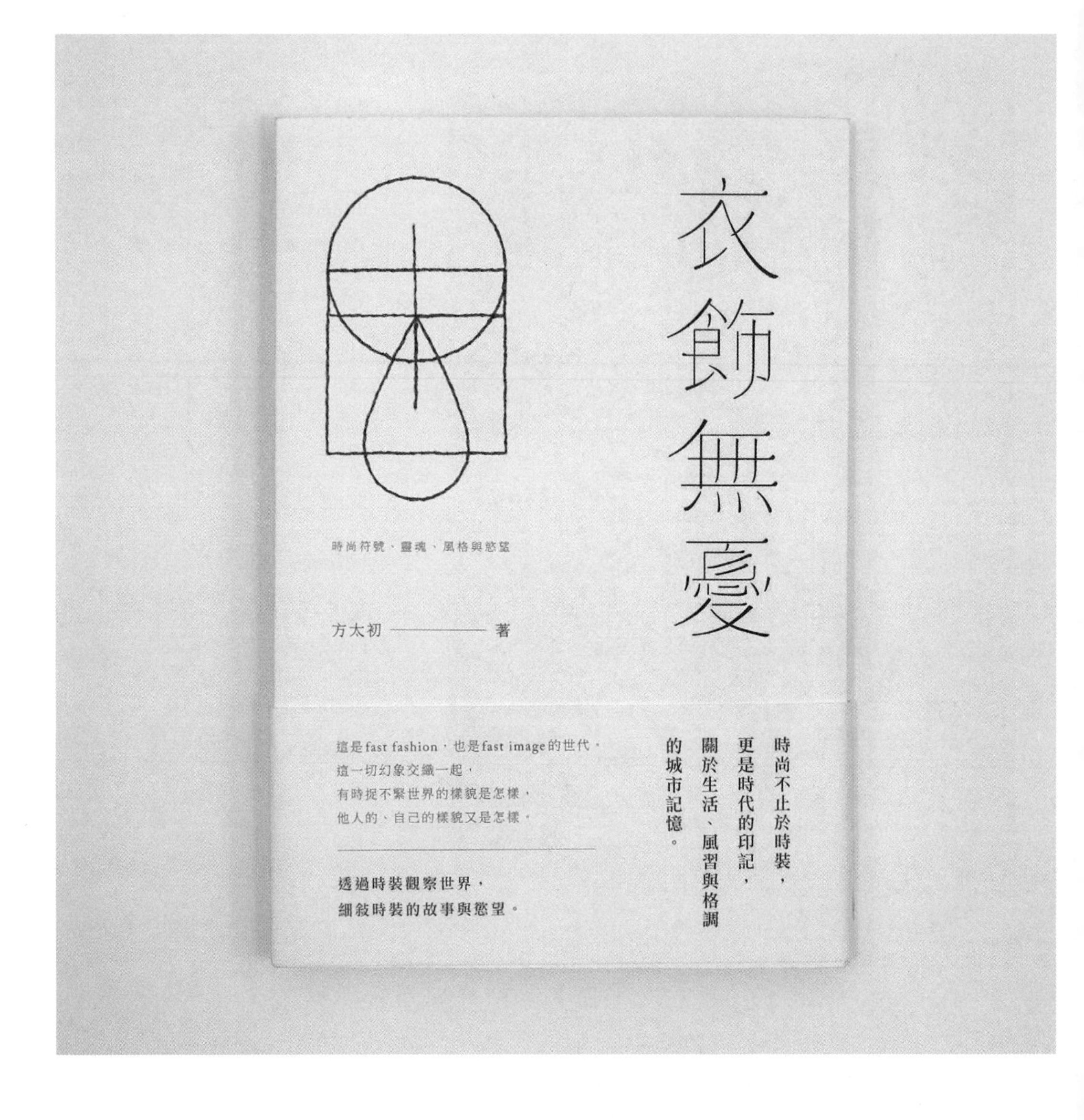

衣饰无忧

148mm×210mm

〖**封面用纸**〗Crane’s Lettra 白鹤纯棉纸
〖**内文用纸**〗芬兰“经典”轻涂高级小说纸
〖**印刷工艺**〗缝线加工

〖**编辑**〗庄樱妮
〖**出版**〗香港三联书店

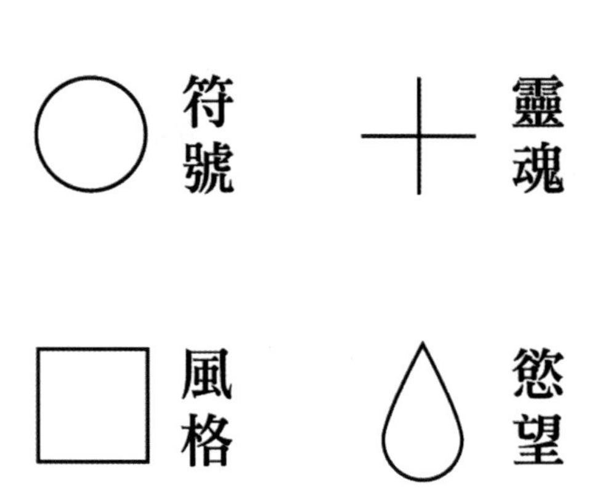

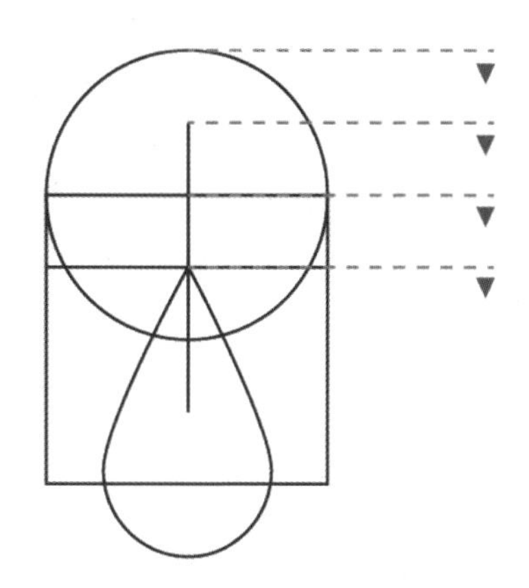

（设计师说）

作者从不同角度切入我们最常接触的时尚，为衣饰进行了一场整理与再解读。各种意义以符号形式映入世人眼帘，与文化建立关系。了解过后，“再解读与重组”便成为本书的设计主题。思考如何把“衣饰”与“时尚”解构后，并以符号响应书中的四个章节，从装帧设计中重组起来。如版式、用纸、封面设计等重要元素，尝试立体地与作者的写作意图进行呼应。

左上角的书眉以 Flipbook（手翻书）的概念，展现出书内四个符号的变形过程，从一条直线生出符号，再变形，后又回归成最初的一条直线，以暗示潮流一直在变更、转换，实现这种流动性的想法。

封面设计以简约而带思考意味的想法作主调，并以解构后的细节重现作中心。与编辑商讨后，决定以缝线加工作主视觉，缝上本书自己的独有符号（利用书中 4 个基本符号演变出来）。缝线在衣饰层面是起了决定性的一件事。以棉线加工既可配合线条符号的设计，又可让读者产生有别于传统印刷品的体验。

封面纸特意选用了 Crane's Lettra 的纯棉纸（Cotton paper）。棉，亦是日常衣饰运用得十分多的一种物料。通过封面把这两个重要的细节重现出来。纯棉纸的特性是吸收油墨后仍能保持柔软及蓬松感，能带给读者轻巧及原材料的触感，在手上唤起类近于触摸衣物的体验。同时，相对于传统木浆纸，纯棉纸亦减少了对环境带来的影响。

最后以简洁带墨水感的字体设计为《衣饰无忧》书名点题，强调时尚不止于视觉刺激，反之它亦能作为一种文化，通过文字传递开来。通过对全书的解构及整合，让读者对文字书有另一重体会，令每一本书都有其独特且立体的面貌。

生于重庆。1999年毕业于清华大学美术学院视觉传达设计系，毕业后工作于北京敬人工作室。2002年至2006年留学法国巴黎，毕业于巴黎国立高等装饰艺术学院（ENSAD）编辑设计专业。2007年回国后在北京成立个人工作室，从事出版物的策划、编辑与设计工作，并致力于中西文字字体的媒介应用和图形信息交流的研究。

designer

1975 杨林青

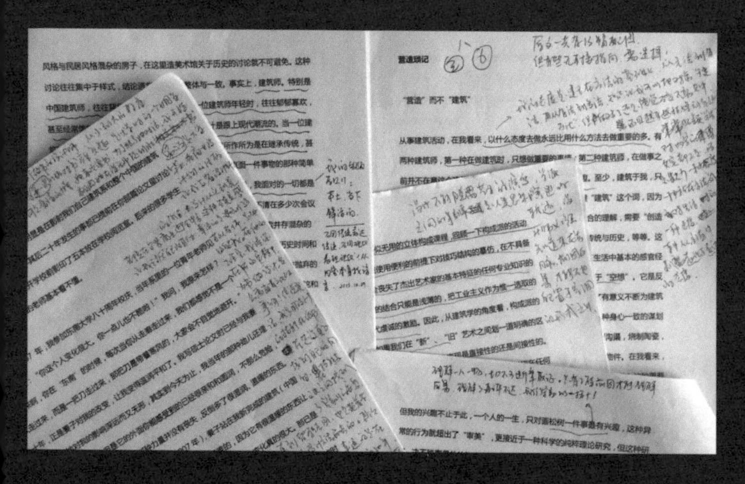

造房子

165mm×230mm

〖封面用纸〗柔美滑面
〖内文用纸〗新锦帛
〖特殊工艺〗专色印刷 ／烫黑色漆片
〖编辑〗蔡蕾
〖出版〗浦睿文化

（设计师说）

出于对建筑一直以来的兴趣，和对建筑与我自身的书籍设计专业之间碰撞的期待，我接下了《造房子》这个设计项目。

在正式设计前，我做了三件事。第一件是多次通读书稿；第二是实地去看王澍的建筑作品，第三是和王澍见面。这些设计之外的工作，是为了能更好地了解王澍、他的作品和背后的世界。除此以外，我也与本书编辑先后在北京、上海和杭州碰了四五面，电话邮件沟通讨论多次。作为书籍设计者，我希望能让读者一拿到这本书，就能感知到王澍本人的气质。

我的工作习惯是尽可能地参与到编辑工作中，这并不是说我要取代编辑的工作。我所谓的“参与”，是将自己放在编辑的位置做一些准备工作。这本书中有一些配图，是我去实地拍摄的，这就需要从编辑的角度来选择拍摄对象。包括之后对摄影师图片、版式要素的选择上，如何才能最大程度体现书与作者的特质，也需要这些“编辑的判断”。

作为设计师，我的工作始终是用视觉来完善、呈现编辑的过程。

根据最终编辑的内容结构，在视觉空间上，我将它划分成三个空间。具体设计时，这三块内容在版式上做了明显切分，但仍然保持着内在特性的相同。字体的使用、书眉的布局都是一致的。这样的一致更突出结构的变化。当然这不是为了变化而变化，而是需要呈现的信息有所改变。

在版式的划分上，第一部分是他的建筑、文化随笔，文字量大，怎样才能形成一个稳定的空间？一是将作为配角的图片处理成单色，与黑色的文字放在一起有种文献感，强调本质而不是看外观。二是控制版面上的文字数量，一行保持在 30 个字，一页保持在 22 行，一页保持在 700 字左右，阅读体验比较舒服。

第二部分正好反过来，图片为主，文字为辅。这部分文字是王澍就具体建筑作品写下的建筑笔记，所以图片逻辑变成第一逻辑，让读者先读图，对他的建筑有更直观的感受，然后再进入到文字中。这一部分文字的排布更疏一些，体现主次的变换。

第三部分又回到文字为主，是他谈论更多具有公共性的话题。虽然加了一个灰色底色，但文字结构和第一部分保持一致，形成一种内在联系。

我在环衬放上他建筑材料的一些图片，就是想呈现他作品丰富的实验性，表达一种对中国本土材料语言的探索。选择全书内封和前后的环衬位置，也是象征着进入这些建筑的路径。

王澍有一种文人气质，所以在设计上我会很照顾文本的展示，版心的控制。当一个纯文字的对页摊在桌上时，你的眼睛会被空白包围，很容易进入到文字里面。

全书只用三款字体，正文的方正精品书宋具有阅读感；标题放弃现代感的字体，采用了方正金陵体，采用竖排形式；引文采用了方正宋刻，字形并不是现代意义上的楷体。这些都是为了能在某种意义上塑造一种语境，传递王澍的一种传统文人气质。

对于王澍文人气质的营造，远不止这些。比如封面使用的咖啡色调，这是我从一开始就决定的。这种深色调，带着泥土的味道，容易让人联想到土地、建筑。封面上的烫黑工艺，强调要用亮黑，是希望能在沉稳色调之中爆发出一种吸引力。

对于封面的设计，我一开始就抛弃“使用建筑图片”这个想法。无论这张图多么好看，都过于具象，太像作品展示集，而且所有这类型书设计的第一想法都是这个。这本书不是画册，也不是建筑理论。它虽然讲建筑设计，但更是王澍审美的一种朴素表达。我希望能在建筑和文字之间找到平衡，传达出它独特的内在。

我想用一种介于具象和抽象之间的图像，能让人感受到文字和建筑的隐喻性。一共做了两个方案，第二个方案是走符号方向，但无论是联想到山水，还是屋檐，都还是过于具象。选用凭第一印象做的最初稿，“造字”的方案，是因为字是抽象的，但造出的字能看到空间、建筑，又带有略微的具象。

这版封面可能不像一本畅销书，所使用的工艺要求也比较高，但摸在手里的实物效果更胜设计稿，气质达到了我预期的效果。

字书

130mm×185mm

〖封面用纸〗唯美纯质纸
〖内文用纸〗瑞典轻型纸
〖特殊工艺〗封面烫红／四色机印单黑

〖编辑〗蔡蕾
〖出版〗浦睿文化

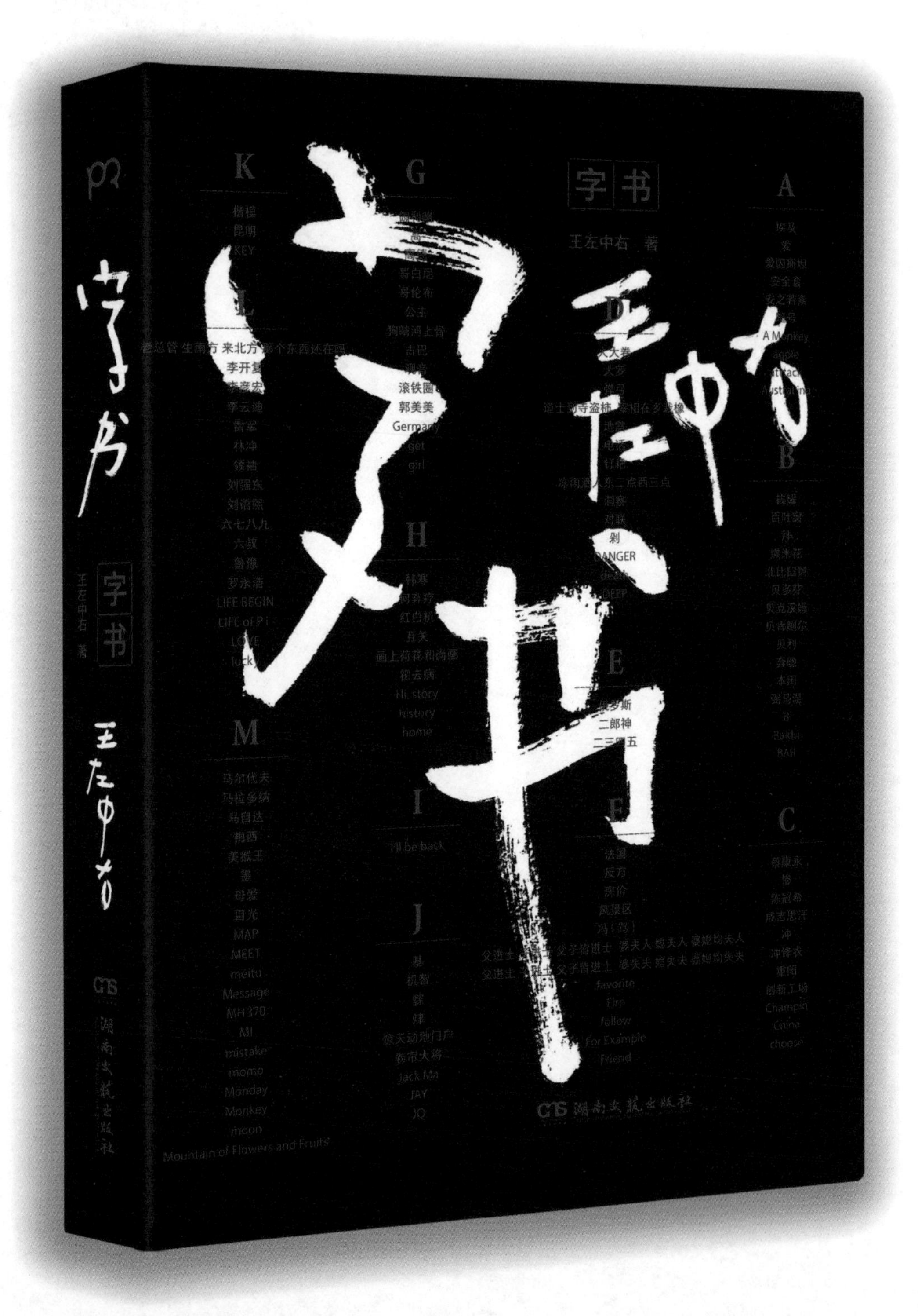

礼尚往来

真正的洞察靠的不是眼睛。

每次转折，都是一次选择。

转折

这些年，除了体重，一直上涨的只有它了。

房价

母爱

favorite

（设计师说）

全书装帧设计，寻找的是一种“字典”感。本书为作者王左中右的作品集，合集本身就带有“汇编”的内涵，开本采用小 32 开，模拟小开本《新华字典》的手感，内文检索目录全部展示于封面封底，采用烫印的形式与手写的主体字形成强烈的空间层次感。封底的主体字由作者手书，是其最有辨识度的符号元素，也突出了本书成型于新媒体的创新感。内文选用瑞迪进口轻型纸，手感轻盈，翻阅时也很顺畅。

（编辑说）

作者在最初创作时从来不做说明所指，这也让确定这些作品的原意有了难度。为了让这本书的读者能够更充分地理解王左中右，我们请他对每一个作品都进行了金句式的补充创作：每个字加一句金句式文案，这更符合这个时代人们的阅读喜好，同时也更契合作者现在的“段子手”身份——他不单会玩字创意，更是将“变态字”和句子、故事结合在一起，做成阅读量轻松就破 100000+ 的长段子。

我们曾考虑将作品按照时间的逻辑加以编排，然而最终还是采用了通过主题或者内容的粘连来进行弱连接的组群方式。更重要的是，阅读这本书时，你不必遵循任何阅读逻辑，随意翻开一页都能有惊喜。

这本书的目录很简单，为了给内容补充逻辑线索，我们按照作品首字母拼音的顺序，给书增加了一个索引附录。这个做法和设计师杨林青对这本书的定位不谋而合。

记得在北京位于苹果社区的杨老师的工作室里，我们共同商讨这本书的形态，最终，我们觉得字典的形式最适合这本书。小 32 开，略厚，看起来严肃，实则戏谑——如果普通的字典代表的是一种典范（规范文字的城堡）的话，这本字典更像是对典范的一种戏仿与颠覆。

这不是一本沉重的书，因此设计师选择瑞典环保纸进行制作。虽然读者第一眼看起来也许并不会在意，但比起国产轻型纸，这种进口纸颜色更加柔和，摸起来也更有质感。为了使书可以更顺畅地翻开，最大限度展现瑞典环保纸的柔软度，设计师还特别要求了采用耗费人力的顺纹裁切法。最终得到的效果令人满意，阅读翻页的过程十分顺爽。

杨老师更将索引重排，直接放置在封面上，让人对书的立意一目了然。工艺方面采用了满版烫红色漆片的工艺（也同样烧钱），呈现红与黑（还有白）的经典配色，机智中透出酷感。

因为封面的字很小，为了能够烫得更加准确，印刷厂制作的烫版，每次只能烫一张封面。手工在这本书的制作过程中占有相当大的比例，这也正契合了王左中右如今最想做的事——成为一个手艺人。写字也好，写段子也好，以后写故事或者做其他任何事也好，都需要一个字一个字地去踏实开展。

BOOK

43

夜行动物，盛产于冬季。因为热爱文学而走入书籍装帧设计，大脑却因此被图像侵蚀，目前为轻度失语症患者。

I.designer

朱疋

日本职场奇谭集

130mm×190mm

〖**封面用纸**〗松韵纸
〖**内文用纸**〗借东风

〖**编辑**〗董秉哲
〖**出版**〗凯特文化

（设计师说）

樱花虽然很美，但要印在纸上，还得配得上内容，却得拐个弯表现。想来想去，这本书叫“奇谭集”，说起来是有点妖艳色彩的味道。再观察那张上班族的照片，这几个大叔或眉头深锁，或若有所思，表情总没一个是轻松的，想必日本上班族压力极大并非浪得虚名。

把这些组合起来，脑子里出现的就是一个昏暗中的定格动作：总是背负着强烈民族意识的日本男人，站定在艳丽盛开着的樱花林下，等待着，思考着。由于书很厚又做了较小的开本，内封虽然使用牛卡，却挑了稍微薄一点的磅数，以免翻阅不易，扉页承接封面的浓绿艳红，选择树皮般的赤褐色。整体色调呈现虽不沉闷，但也非轻浮或者清淡寡味，正是作者刘黎儿的笔调。

（编辑说）

东京一到冬季，男性上班族就会像约好的一样，统一换上黑色大衣，多年前拍的照片正好适合。

（设计师说）

每当接触到主题是关于人与人，关于爱的小说，我会特别焦虑，因为这样的主题太广又太深，封面不过就是一个平面，而一个平面，又能说清楚些什么？

于是我试着用抽象的方式来表达，用暧昧的颜色交错、斑驳的烫金字迹，试着去触及关于爱的核心，哪怕只是一点点也好。

（编辑说）

《我曾经爱过》是个从消逝的爱里走出来的故事，尽管心碎，但碎片中仍见得到曾有的美好。朱疋把这种意象很精准地呈现在封面设计上，非常厉害。

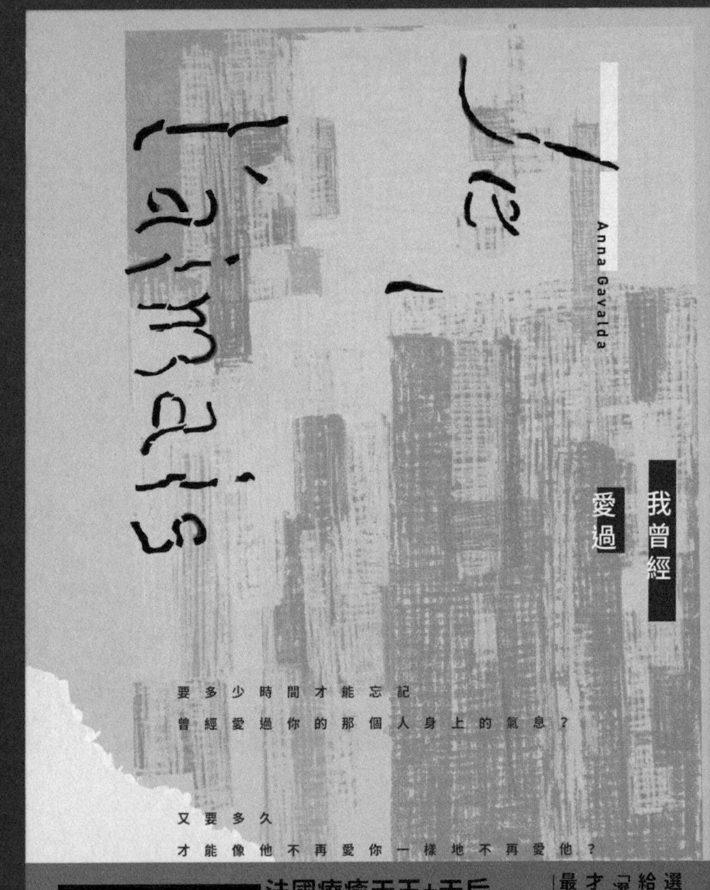

我曾经爱过

130mm×190mm

〖封面用纸〗香氛纸

〖内文用纸〗雪面轻涂纸

〖印刷工艺〗未知

〖编辑〗张立雯

〖出版〗木马文化

（编辑说）

本书是诺贝尔桂冠诗人聂鲁达死后出版的微型杰作，收集了316个追索造物之谜的疑问，分成74首，每一首由三至六则小小“天问”组成，举凡自然世界、宗教、文学、历史等，都是他探索的范畴。

朱疋以《疑问集》的西班牙文书名和句子，作为封面设计概念，为此特别商请译者兼诗人陈黎，提供《疑问集》中具代表性的原文字句，再由朱疋从中挑选合适的句子放到封面上，以呼应《疑问集》由三至六则小小“天问”组成的理念。

（设计师说）

由于在这本诗集之前，已经先做了聂鲁达的情诗系列，因此着手这本《疑问集》时就以跳脱前作的感性为主，特意强调随性、随意和洒脱的面向。

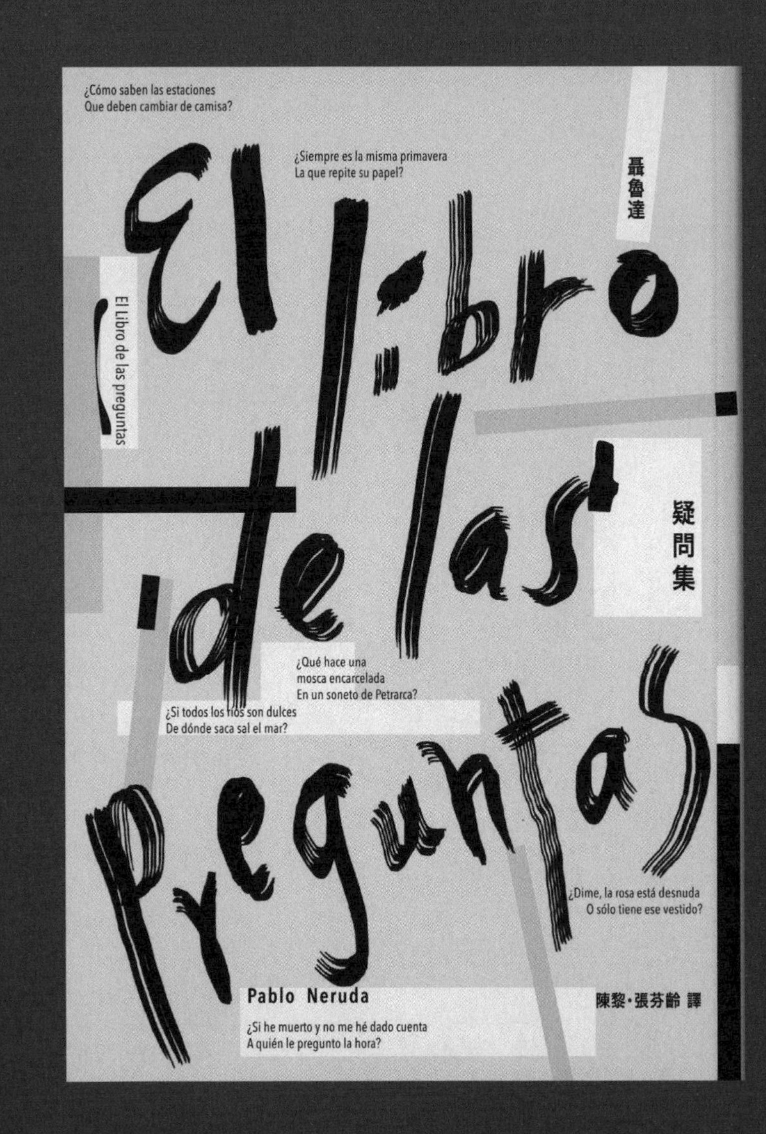

¿Cómo saben las estaciones
Que deben cambiar de camisa?
¿Siempre es la misma primavera
La que repite su papel?
聶魯達
El Libro de las preguntas
El libro de las preguntas
疑問集
¿Qué hace una
mosca encarcelada
En un soneto de Petrarca?
¿Si todos los ríos son dulces
De dónde saca sal el mar?
¿Dime, la rosa está desnuda
O sólo tiene ese vestido?
Pablo Neruda
陳黎·張芬齡 譯
¿Si he muerto y no me hé dado cuenta
A quién le pregunto la hora?

疑问集

148mm×210mm

〖封面用纸〗莱卡奇柔白
〖内文用纸〗米粗厚
〖印刷工艺〗未知
〖编辑〗张晶惠
〖出版〗九歌出版社

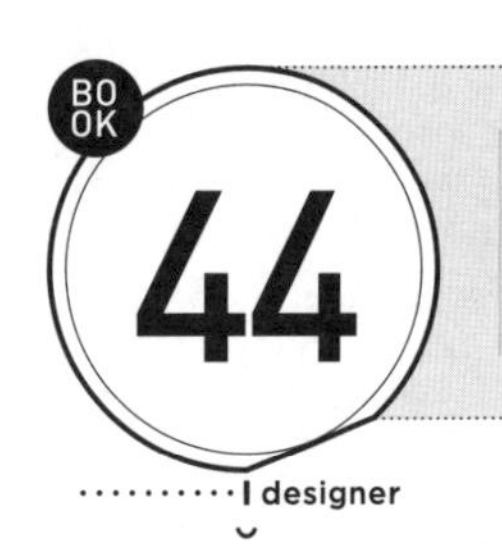

设计师。2006—2010 年任职于生活 • 读书 • 新知三联书店。2013—2017 年任职于人民美术出版社。

designer

1983

鲁明静

茶书

115mm×165mm

〖**外封用纸**〗美国条文纸
〖**内封用纸**〗进口牛皮纸
〖**内文用纸**〗纯质纸
〖**编辑**〗朱朝晖／杨芳州
〖**出版**〗读库

（设计师说）

希望用最简单有力的视觉语言表达茶道中的禅宗文化。每个人对这个图形的解读都不一样。

九幽

130mm×190mm

〖**封面用纸**〗滑面超感纸
〖**内文用纸**〗纯质纸

〖**编辑**〗萧歌
〖**出版**〗上河卓远

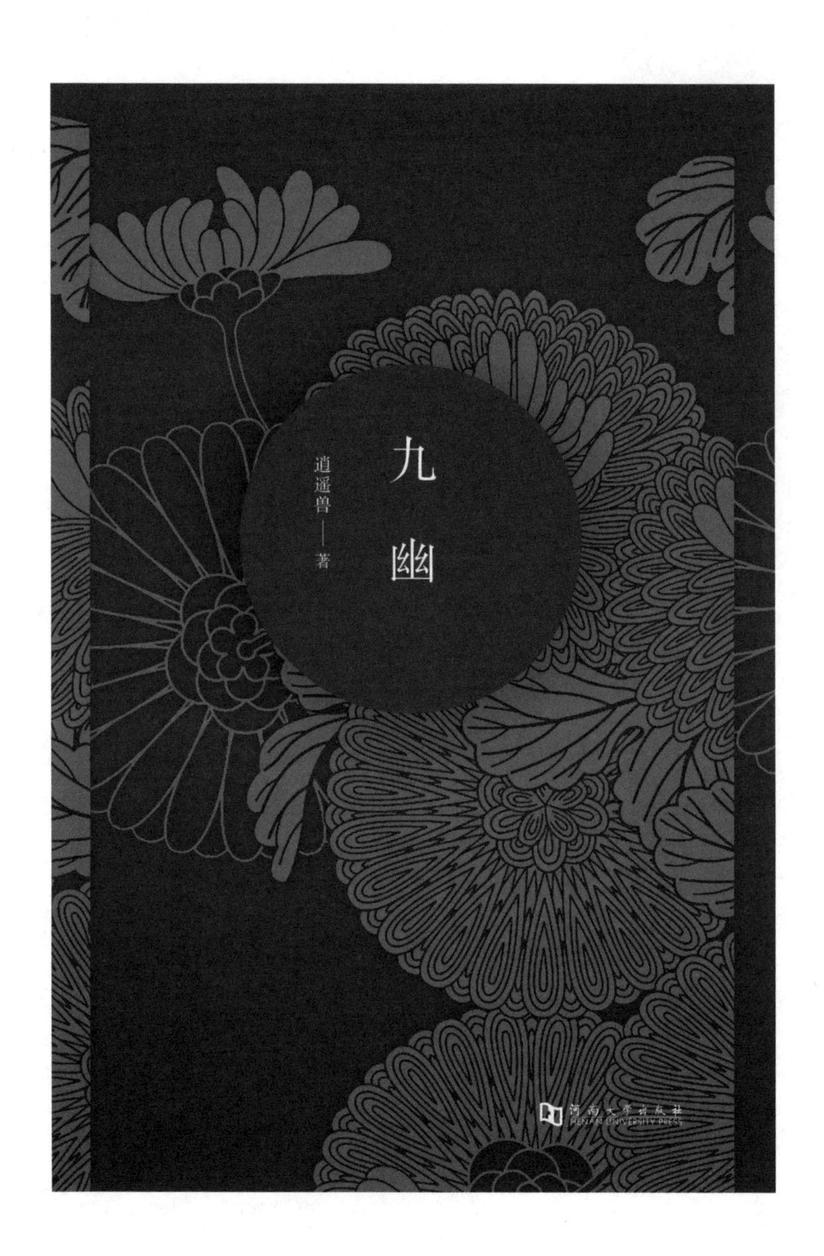

独立平面设计师，目前专职于装帧设计。

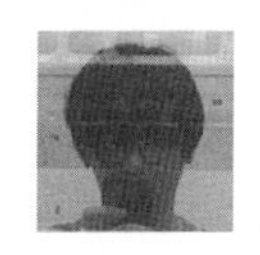

designer

1984 高伟哲

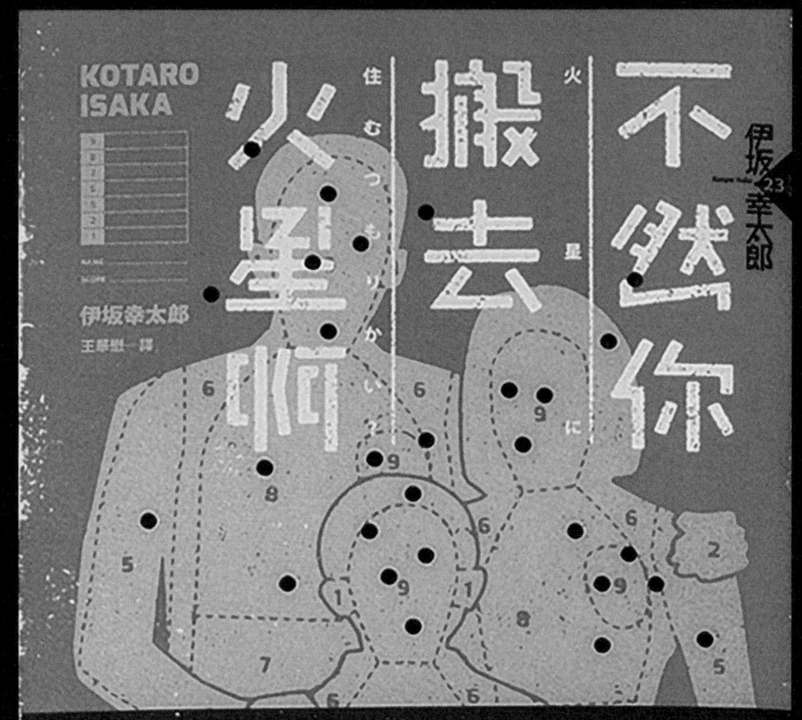

不然你搬去火星啊

168mm×228mm

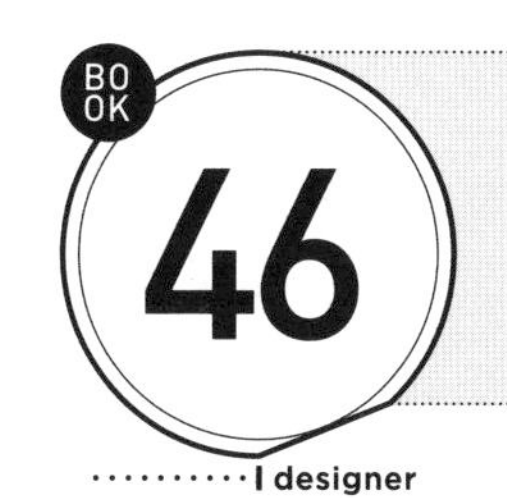

台湾插画家、平面设计师。喜爱纸张、印刷与旅行，以及各种实验性质的创作。2013 年成立个人工作室 Teng Yu Lab 与插画设计品牌“纸上行旅 Paper Travel”，专职插画创作与平面设计的工作。

designer

邓彧

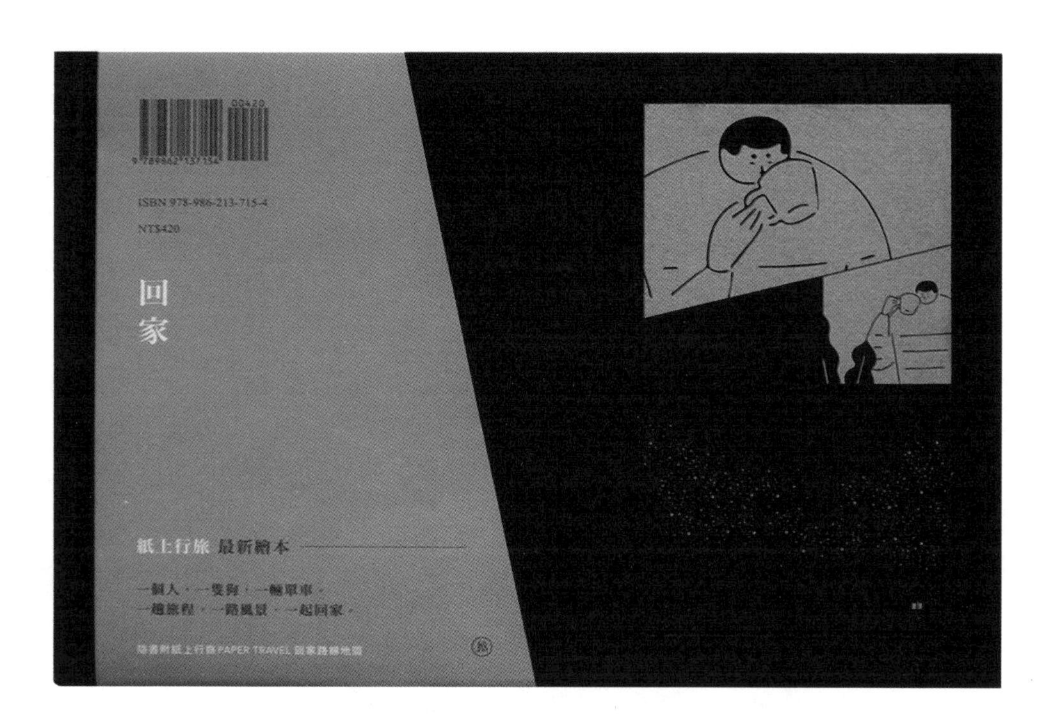

回家

196mm×136mm

〖封面用纸〗荷兰细布
〖内文用纸〗维纳斯象牙／元素纸
〖特殊工艺〗精装书壳／打凹／裱贴／UV／印特色银小卡／内页四特色印刷／内页有一页折口页／版权页开刀模

〖编辑〗林怡君
〖出版〗大块文化

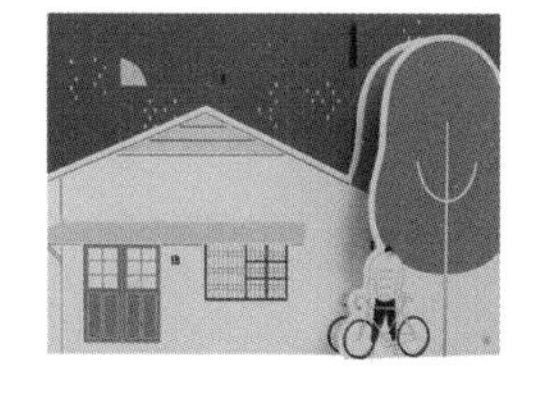

（设计师说）

我一直想做一本无文字书。在做《回家》的当下，我希望它可以是一本任性的书，一本无所顾忌的出版品。《回家》想表达的其实是一种归属感，通过城市的日常运作，以一天为单位，以台北为范围，以行政区域为路径，把“回家”化成一场冒险，探寻自己的属地，对生长地做一个自我陈述。

我始终认为纸本书相当珍贵，是一种集体创作，集结不同领域的专业和心血所产生。因此《回家》有两层定位：是书也是收藏品。

精装书封用黑色荷兰细布，它比麻细致，又比棉稍粗糙，与全书质地相同，也符合纸上旅行的调性，细腻中带点朴质手感。

书封视觉延续内容夜景的结尾，以一天之末带出一日之始，借由近至远的分割画面切划出场景的空间。封面黑色小卡使用竹尾的元素纸，为表现回家后室内昏暗并带有微弱的光线感，采用 UV 印刷，在银墨里尝试各种比例。

书封去除书名与作者，让无文字书理念更加完整，内页用四色印刷。前后扉页皆为元素纸，浅色象征日景，深色则带出夜景，贯穿整本书的日夜景安排。由于全书没有任何文字说明，另加一张独立的路线地图于书末辅助。赠品故事卡是用实验 Zine 的概念去做的“番外篇”，另外还有一个幽默设计是在版权页开了一扇小门，不知读者是否发现了？

做一些人文艺术领域的设计工作。

designer

1989 彭振威

炮声中的电影

165mm×230mm

〖**封面用纸**〗大地纸
〖**内文用纸**〗未知
〖**特殊工艺**〗烫印

〖**编辑**〗陈一凡
〖**出版**〗后浪出版

（设计师说）

因为书名传达的气氛很清晰，我在做设计时的思路也就清晰，想直接在设计里掺入战争的气氛，但要保留人文感。在尝试了几种方式后，想到了战火燃烧的画面。就在电脑里把日版书名做一些手写肌理的效果，然后打印出来，一张一张在不同位置点燃，然后扑灭。选择了一个最佳的效果后，拍摄下来传入电脑，把这些被燃烧过的字放在护封和腰封上，经过多种组合尝试后选定了这个方案。

设计师，艺术家。先后研读于山东工艺美术学院、清华美术学院、北京画院。2003年至今，出任国内先锋时尚杂志《VISION 青年视觉》艺术总监，多年来一直坚持用艺术与设计两种方式与世界沟通。

designer

孙初

1966

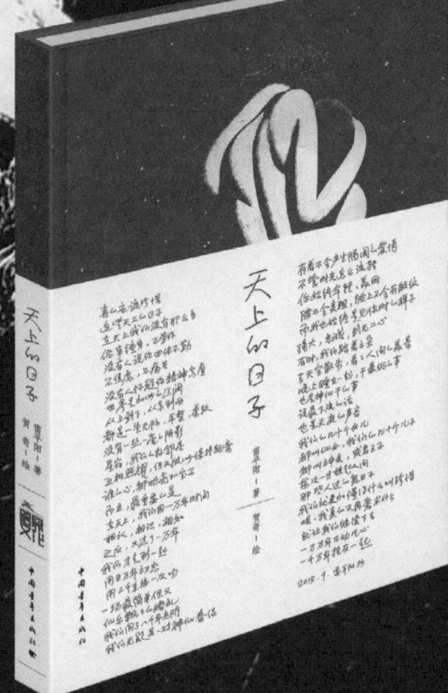

天上的日子

225mm×160mm

〖封面用纸〗 蚕美装帧布／白色彩龙特种纸

〖内文用纸〗 纯质纸

〖编辑〗 彭明榜

〖出版〗 中国青年出版社

（设计师说）

本书内容为雷平阳的诗集，以及艺术家贺奇为其创作的绘画作品。诗人自序中形容这本书像一座美酒都被搬空了的酒窖，里面却游荡着两个发着酒狂的灵魂。诗歌与绘画都是疑虑、反抗、自我审判和精神流亡的产物，本身包含着强烈的情绪。设计时，刻意回避了强烈的色彩和复杂的设计形式，一方面给强烈的内容以不被打扰的更广阔的自由，一方面帮助读者在阅读前进入安静的场域。整本书选用了天空一般空灵、包容的蓝色为基调，封面没有文字，只有一张单色、线条简单但很有张力的绘画作品，而护封上布满了蓝色的手写体的诗稿，又跳跃着将藏不住的激情倾泻而出。封面材质采用质感温和的布面，像极了艺术家们刺猬般刚烈背后的敏感和脆弱。

平面设计师，深圳市平面设计协会（SGDA）会员，2017年成立 Ten Million Times 设计工作室。作品曾获 GDC15 最佳设计奖，GDC17 提名奖，DFA 设计奖银奖，澳门设计双年展两项评审奖、银奖、铜奖、NY TDC 优异奖，TOKYO TDC 优异奖，11项“中国最美的书”奖等。

designer

1983 周伟伟

小说药丸

140mm×203mm

〖封面用纸〗轻型纸／彩胶纸
〖内文用纸〗未知
〖印刷工艺〗烫黑

〖编辑〗陈欢欢
〖出版〗世纪文景

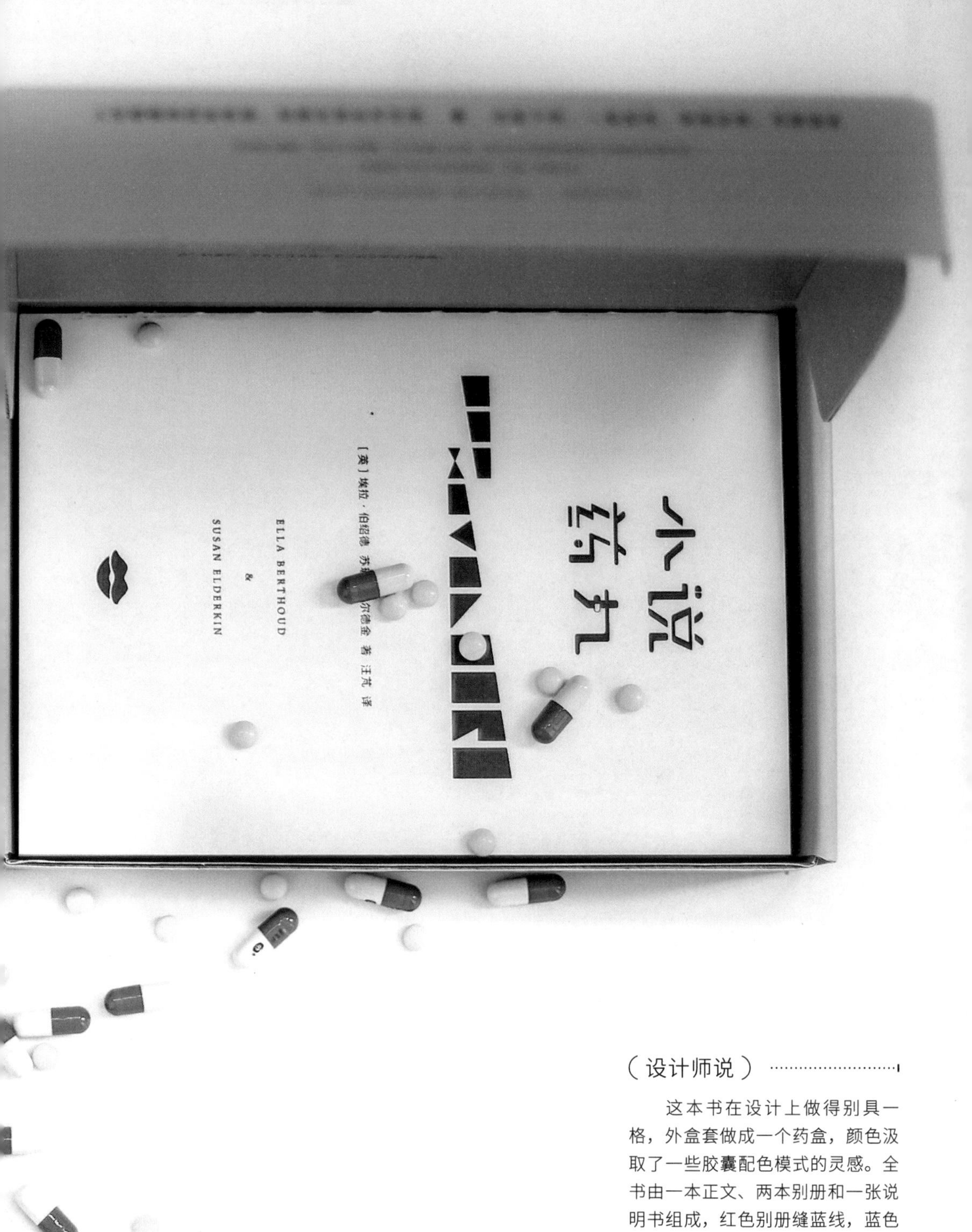

（设计师说）

这本书在设计上做得别具一格，外盒套做成一个药盒，颜色汲取了一些胶囊配色模式的灵感。全书由一本正文、两本别册和一张说明书组成，红色别册缝蓝线，蓝色别册缝红线，以此来与外盒形成呼应关系。书名也经过精心设计，将药丸的形状融入其中，令人玩味。

才为自己发明了情感。

文/韦祷然

韦祷然

1994年生于杭州，台湾大学政治学硕士在读，毕业于世新大学新闻学系。曾从事记者、广播电台主持人、新媒体运营等媒体相关行业。“邮递员视务所”联合创始人，独立摄影师。笔名叹伦，运营微信公众号“叹伦”及荔枝FM“我在台湾读书的日子”等公众平台。

* 本文原发表于 http://www.weibo.com/p/1001603953116071490367？from=page_100505_profile&wvr=6&mod=wenzhangmod
https://www.douban.com/location/drama/review/7813162/。

那颗心带回走向与我们重遇的

为什么不能人人都在这

可以把观看锻炼成观察，是不

“哲学家”与“福尔摩斯”，

于不是“普通人”的人，便因

《心之侦探》的终极谜团

“孤独”？是普通令人自觉存在感薄弱？是不普通令人自觉没有归属？存在感薄弱和没有归属哪一个更虚无？寻找这个答案是不是就是“孤独”之源？是消除“孤独”所以杀了“幸福”，抑或是追求“幸福”的不可能成就了“孤独”？它们为什么不是一体两面？

我营造的戏剧世界，是在一个空间里（舞台），怎么让观众看见多重空间（多个时空发生的事时而重叠时而分开），多重焦点（还原大图画之前，每一块小图画都有故事），多重人格（在众多分身众多面谱之中的哪一个人才是“我”），总是在考验我作为第一个看见一场戏、一出戏的创作者（导演），怎样令观众找到一种专属自己的“快乐”——人人看见只有他才会看见的一种真实。

不是在别处看过的，不是完全被告知的，不是一看就已知道答案的一种“明

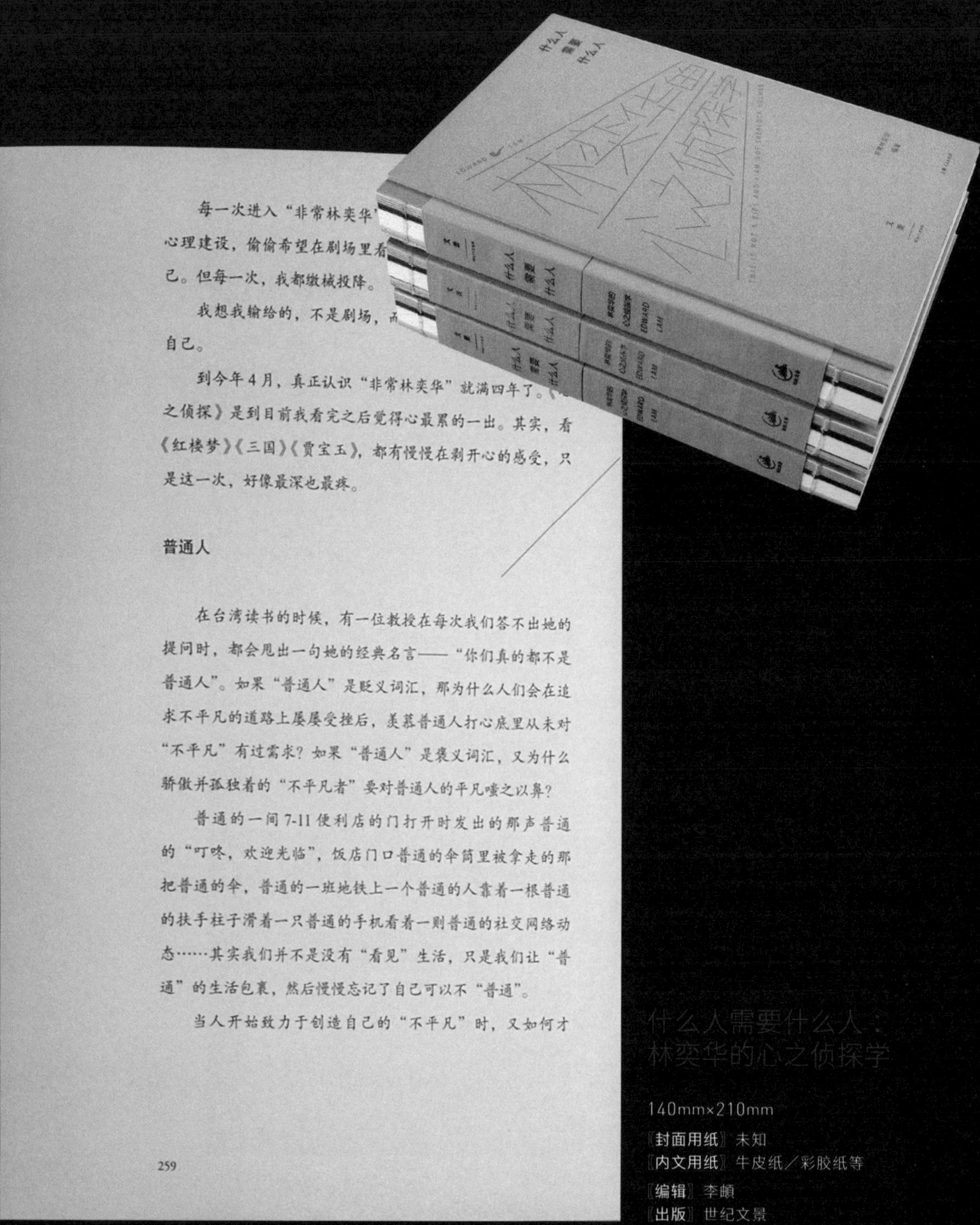

每一次进入“非常林奕华”
心理建设，偷偷希望在剧场里看
己。但每一次，我都缴械投降。

我想我输给的，不是剧场，而
自己。

到今年4月，真正认识“非常林奕华”就满四年了。《
之侦探》是到目前我看完之后觉得心最累的一出。其实，看《红楼梦》《三国》《贾宝玉》，都有慢慢在剥开心的感受，只是这一次，好像最深也最疼。

普通人

在台湾读书的时候，有一位教授在每次我们答不出她的提问时，都会甩出一句她的经典名言——“你们真的都不是普通人”。如果“普通人”是贬义词汇，那为什么人们会在追求不平凡的道路上屡屡受挫后，羡慕普通人打心底里从未对“不平凡”有过需求？如果“普通人”是褒义词汇，又为什么骄傲并孤独着的“不平凡者”要对普通人的平凡嗤之以鼻？

普通的一间7-11便利店的门打开时发出的那声普通的“叮咚，欢迎光临”，饭店门口普通的伞筒里被拿走的那把普通的伞，普通的一班地铁上一个普通的人靠着一根普通的扶手柱子滑着一只普通的手机看着一则普通的社交网络动态……其实我们并不是没有“看见”生活，只是我们让“普通”的生活包裹，然后慢慢忘记了自己可以不“普通”。

当人开始致力于创造自己的“不平凡”时，又如何才

259

什么人需要什么人：林奕华的心之侦探学

140mm×210mm

〖封面用纸〗 未知

〖内文用纸〗 牛皮纸／彩胶纸等

〖编辑〗 李頔

〖出版〗 世纪文景

（设计师说）

《什么人需要什么人》以《心之侦探》剧本为主体，该剧是“非常林奕华”的第56部原创作品，继《梁创作出九件“人生奇案”。剧中出现各种的失去，如幸福被挟持、幸福被绑架、幸福被勒索、幸福被偷作“哲学”。全书共分为六个章节，所以在设计上分别用了六种纸张和版式来表现它们之间的差异变化，

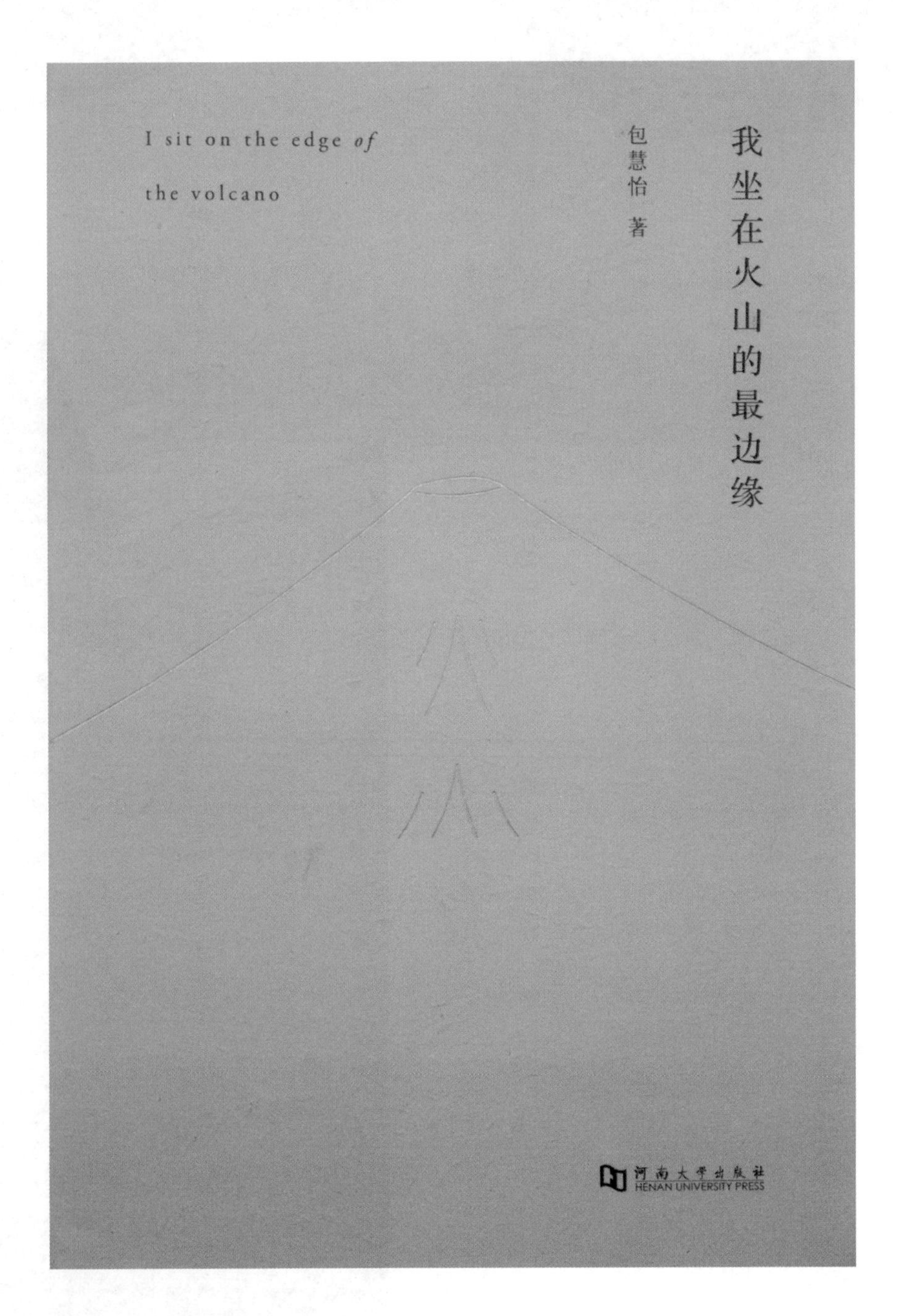

我坐在火山的最边缘

130mm×195mm

〖**封面用纸**〗轻型纸
〖**内文用纸**〗未知
〖**印刷工艺**〗烫亚金

〖**编辑**〗韩笑
〖**出版**〗上河卓远

（设计师说）

封面设计简洁大方，通过将火山两个字的设计融入在火山的造型中来映衬书名的涵义。

金陵小巷人物志

120mm×160mm

〖**封面用纸**〗牛皮纸
〖**内文用纸**〗牛皮纸

〖**编辑**〗姚丽
〖**出版**〗江苏凤凰文艺出版社

（设计师说）

本书是对市井生活中普通人物的“传写”。设计上提取了不少源自日常生活景象的元素，以传统书籍的标准判断，该书几乎没有封面，而是直接以装订的第一贴第一页作为封面。从封面到内页，都选用了粗糙耐用、富有生活气息的牛皮纸，三个切口也被打毛呈粗砺不平，整本书像是块毛坯砖，朴实无华。封面上的书名等文字像是用镂空铁皮喷上去的标语字，内文第一帖及最后一贴也将一些关键词用白色的“喷涂标语字”呈现，与封面相映成趣；小人物肖像插画的背面也用心地印上了黑色，一帧帧贴在内页上，该内页用“喷涂标语字”残余的颗粒作底纹，营造出该书的“生态”。左右页的页码均不出版心，置于文字最后一行的右侧，细节十分用心独特，呈现一种“微不足道”的美。粗犷元素通过细腻的手法得以美的传达，“小人物”的精彩在设计中得到了很好的表现。

生于台北。国际平面设计联盟（AGI）会员。与出版社合作设立“Insight”“Source”书系，以设计、艺术为主题，引介如荒木经惟、佐藤卓、横尾忠则、中平卓马与川久保玲等相关之作品。作品六度获金蝶奖之金奖，还获香港 HKDA 葛西薰评审奖与银奖、韩国坡州出版美术赏，入选东京 TDC 赏。

designer

1975

王志弘

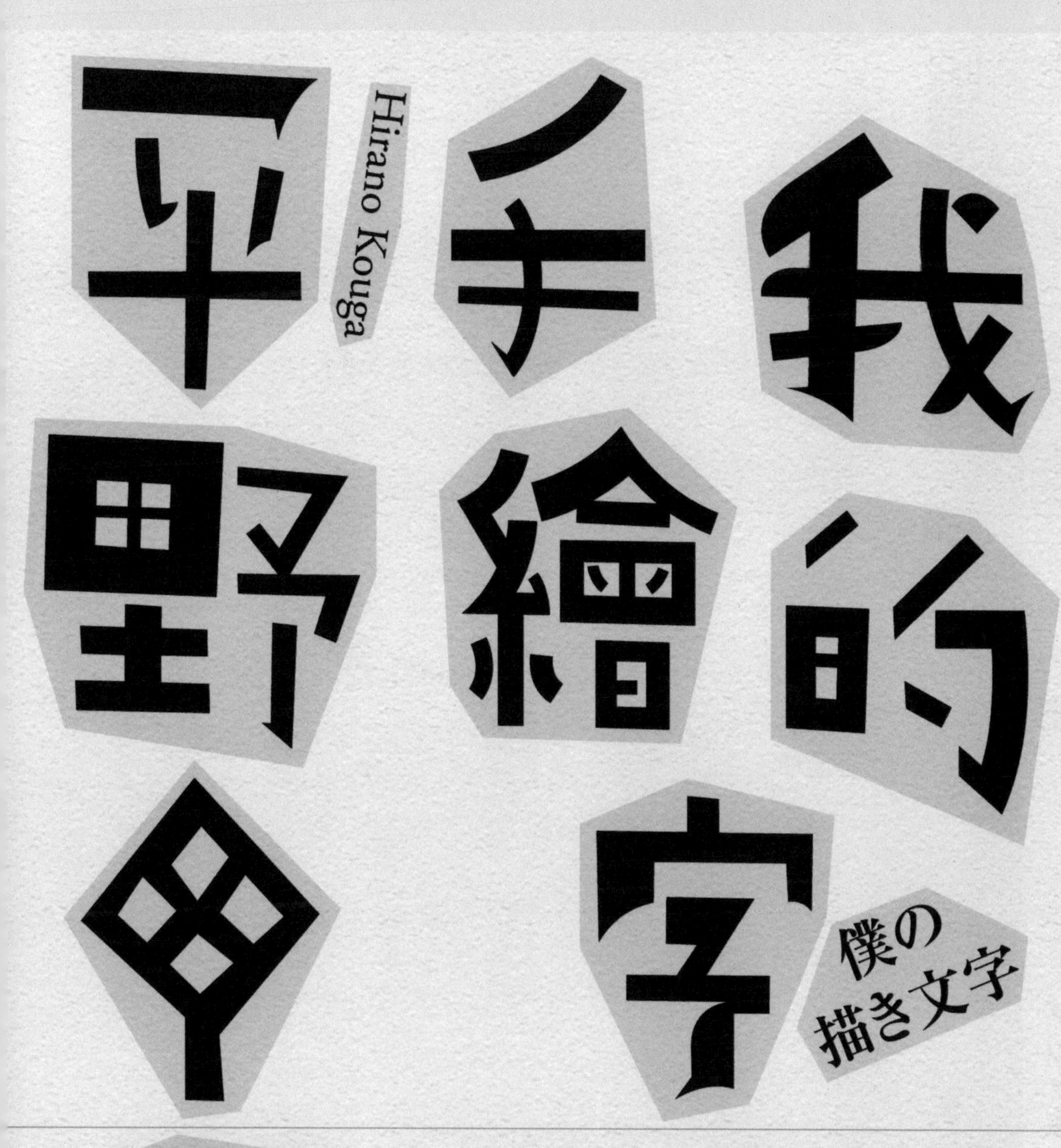

Source 14

甲賀流裝幀術。

平野甲賀以海報的平面設計牽引六〇年代的演劇風潮，
並透過書籍裝幀設計推動了七〇年代至八〇年代的次文化。
從事封面設計五十餘年，以獨特的手繪文字設計約六千本書，
從喜歡的書到對談集，從技術者的自言自語到生活的意見，

平野甲賀第一本隨筆集。

小林章｜Akira Kobayashi
Monotype GmbH 字體總監 推薦

室賀清德｜Kiyonori Muroga
IDEA（アイデア）雜誌編集長 推薦

平面設計師 王志弘｜wangzhihong.com 選書、設計　黃大旺 譯

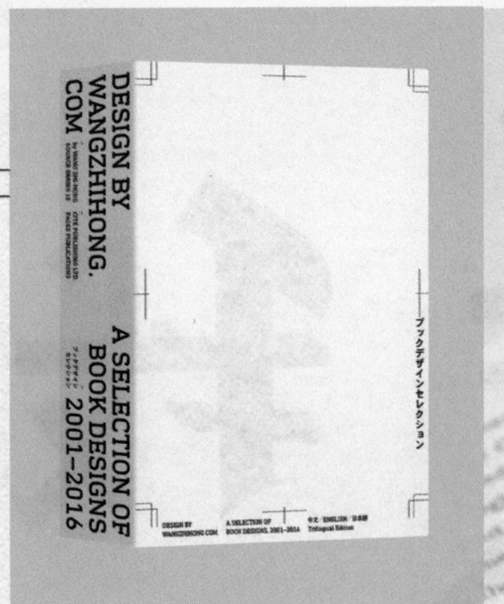

（编辑说）

做这本书，确实压力很大。一来是因为它是中英日三种文字同时呈现，这是我前所未有的经验，加上时间的压力，让我一直处在一种神经紧绷的状态。二来是因为这是王志弘先生的第一本书。由于共事多年，他对工作的高标准，更让我时时如履薄冰。

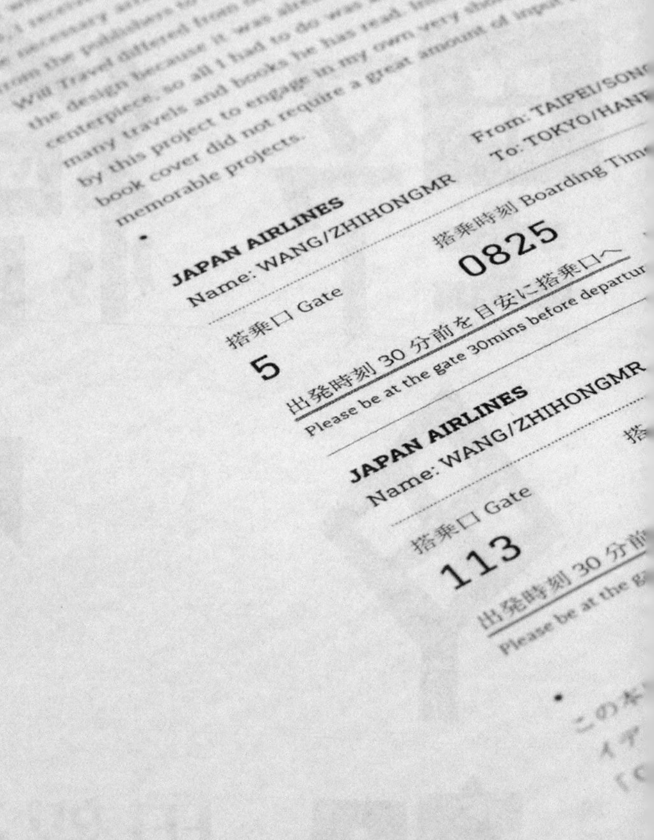

ブックデザインセレクション

Design by wangzhihong.com

170mm×240mm

〖**封面用纸**〗沐棉纸
〖**内文用纸**〗竹尾
〖**编辑**〗刘丽真
〖**出版**〗脸谱出版

ブックデザインセレクション

Poetic Order
秩序にみる詩情。

A Taiwanese Pioneer in Modern Graphic Design
現代台湾グラフィックデザインの魁

王志弘作品選
二〇〇一／二〇一六
十六年間代表作
完整收錄。

INTRODUCTION: Fu Yueh-An
傅月庵　書話作家

FOREWORD: Muroga Kiyonori
室賀清德　アイデア idea 編集長

ブックデザイン
セレクション

A SELECTION OF
BOOK DESIGNS
2001–2016

Pages: 504
Projects: 211
Images: 572
Words: 30000

International Version
Trilingual Edition

中文／ENGLISH／日本語

Source 15

DESIGN BY WANGZHIHONG.COM

（设计师说）

在设想书名时，我倾向它的调性是很平的，想象空间是有限的，语调起伏也不大。我从日常工作中去寻找线索，很快地决定“Design by wangzhihong.com”为作品集名称。那是在每本书完成时，我于书本折口的一角留下的记号。

在尚未进行设计前，我已经对外观有所想象，那并不是指如何设计一本书，而是书拿在手中该有多重，手握着书本时，手掌的开合该有多大，再回推书本需要有几公分的厚度，才能让人有适当的量感。可以说是从量体的想象中开始所有的设计。

封面上有一组对位标，它的实际完成尺寸为 14.8cm x 21cm，那是每个封面设计最初的状态，每当工作开始，我总是开启一个新文件输入 14.8 与 21，这样的动作多年来已重复数百次。14.8cm x 21cm 是台湾书籍主要的制式尺寸，多数的书都采用了这样的规格，日本的制式规格约为 13cm x 19cm，文库本则是更小，而大陆，开本虽与台湾相似，但也不全然相同。或许 14.8cm x 21cm 算是台湾书籍特有的数据。

虽然对位标不是什么新颖的想法，但因为这个开本，让设计有了更完整的脉络。封面印刷看似单一黑色，但只要靠近书本仔细观看便能察觉上面的对位标采用了四色，并且是以尚未套准的状态存在，那

是一种能让人产生相当细微、思绪正在进行中的动态感受。当它被读者发现时，我认为封面设计给予人的第一印象将不再是那样的安静。

对位标配合实际完成尺寸 14.8cm × 21cm 的打凸，强化了制作空间中诞生的暗示。大多数我设计的书都可放进这个空间，若将书本与作品集相叠，从上俯视时将形成另一种风景，作品集本身成为每本书的背板，它并非主角，而是衬托过去的每一本书，这正是我想象中作品集该扮演的角色。

黃昏的故鄉

阮慶岳

25

直到被愛
完全包覆，
記憶才能
開口說話。

縱使你是流浪的人、無所的渡鳥；一個女子的回眸，揭開全台人的故鄉記憶。

國藝會
長篇小說
獎助

阮慶岳
沉潛多年
重要代表作！

王德威 主編

當代小說家 II／25 麥田出版

事物的味道，我尝得太早了

140mm×203mm

〖**封面用纸**〗大地纸
〖**内文用纸**〗瑞典轻型纸
〖**印刷工艺**〗烫金

〖**编辑**〗苏本
〖**出版**〗世纪文景

事物的味道
尝得太早了
石川啄木
诗歌集

时光列车 / 只是孩子

130mm×200mm

〖封面用纸〗森罗万象大地纸
〖内文用纸〗瑞典书纸
〖印刷工艺〗压凹/印银
〖编辑〗张诗扬
〖出版〗理想国

(设计师说)

两册封面基本上是两个完全不同的设计，但两者之间还是有不少共通点，比如：采用相同的纸张、相同的字体色彩运用、皆使用线条于版面上的构成，等等。

两册的影像，采用黑银混合的特别色、深灰色中带银色调。《只是孩子》的封面用图，选用这一张是最好的选择；而《时光列车》，我选用早期的个人照，并隐藏于字母 M 之中。

PATTI SMITH

NATIONAL BOOK AWARD WINNING AUTHOR OF *JUST KIDS*

M TRAIN

CAFÉ 'INO

时光列车

NATIONAL BESTSELLER

START

这本书不再那么关于过去，
而是关于我是谁，我在做的事，在读的书，
在想的念头，在喝的咖啡，在踱步的地板……
这本书是我的人生路线图。

帕蒂·史密斯

《纽约时报》(*The New York Times*)、
《卫报》(*The Guardian*)、《独立报》(*The Independent*)、
《泰晤士报》(*The Times*)、《金融时报》(*Financial Times*)
美国全国公共广播电台 (National Public Radio)
年度之书

美国传奇艺术家
国家图书奖获得者帕蒂·史密斯
《只是孩子》(*Just Kids*) 后续姊妹篇

从挚爱的咖啡馆，到冰岛、日本、法属圭亚那，幻想、书籍、犯罪剧集和无法愈合的生命伤痛如影随形
摇滚诗人关于孤独、独立和衰老的精彩沉思录，一场接近真实的帕蒂·史密斯的心灵奥德赛

独家收录 2016 年新增内容，中译本首度呈现。《只是孩子》精装本同步上市

"What will happen to us?"

"There will always be us,"
HE ANSWERED.

American National
Book Award
2010 年美国国家图书奖
100 Greatest Music Books
of All Time - TOP 5
《公告牌》(Billboard) 史上百佳音乐书籍第五名
Best Book of The Year
《纽约时报》(The New York Times)、
《出版人周报》(Publishers Weekly)、《人物》(People)、
《村声》(The Village Voice) 年度好书
美国传奇艺术家，朋克教母帕蒂·史密斯首部随笔作品，
被誉为继鲍勃·迪伦《编年史：第一卷》之后
最伟大的摇滚歌手回忆录。
历经二十年精心写作，出版五年后全球阅读热潮不止，
已深植入当下流行文化。
为游荡在七〇年纽约街头的波希米亚年轻人画一幅流动的肖像，致所有恋人、艺术家和流浪汉的真挚情书

（编辑说）

这两本书开本的选择是因为想把它做成一个欧洲古董小祈祷书的样子，长条形，很轻，可以放在口袋里。因为帕蒂·史密斯的写作带给人一种 19 世纪文学和浪漫主义者的感觉。她很重视收集符号和圣物，《只是孩子》里分段用的小星星，是她与罗伯特的秘密签名，她称之为“蓝星”。《时光列车》书中经常提到她喜欢在咖啡馆的餐巾纸上涂写绘画，我找到了一张这样的手迹，后来被设计师做成内封上的压凹。两本书里面的照片看起来虽然是黑白的，但其实也很花心思选择了一种特别的专色，所以其实看起来是有一点点褐色的感觉。

我觉得王志弘的设计给了这两本书一种如我所愿的嬉皮时代的纽约的感觉，那个纽约虽然如今早已消失了，但似乎永远存在于帕蒂这个人的身上，与她永远是一体的。在那样的纽约，他们会穿上自己最得意的行头：“我的是垮掉派凉鞋和破披巾，罗伯特戴着他的‘爱与和平’珠串，穿着羊皮马甲”，“一起喝着保温瓶里的咖啡，看着如织的游客、瘾君子和民谣歌手。激动的革命者散发着反战传单，棋手也吸引着他们自己的观众，大家共存在由唇枪舌剑、手鼓和犬吠交织而成的持续的嗡嗡声里。”

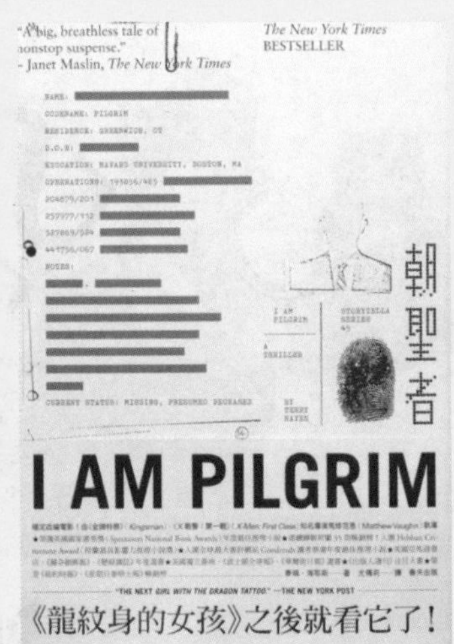

朝圣者

150mm×210mm

〖封面用纸〗未知

〖内文用纸〗未知

〖编辑〗钟灵

〖出版〗春天出版

（设计师说）

在英文版《朝圣者》的封面、封底，有一些美国中央情报局（CIA）文件堆栈的情境画面，因此封面设计者决定以文件本身所能散发出的独特美感，作为中文版《朝圣者》封面设计的基调。利用文件常见的样貌，包含文字内容、区隔线条、装订孔洞、肖像照片、按捺指纹、涂销痕迹、认证钢印与回形针等，所有的视觉对象统一通过少量的影印残留痕迹整合在同一个画面中。同时在查找资料的过程中，也尽可能优先采用真实的中央情报局内部文件影像存盘，来增加真实感。

为了表现出最普遍的文件样貌，整体画面以黑白色调为主，不过在"涂销"这一部分，使用了另一种特别色来搭配，那黑中带银的色彩能够区隔出两种不同黑色的差异（Pantone 888、Pantone Black 7），它们说明了文件在时间上的先后关系，也丰富了原本仅单一色的封面层次。

巨大指纹为英文版《朝圣者》封面上的主要视觉，用意虽简单明了，但略显直白与普遍，同时也少了一些细节。而在中文版《朝圣者》的设计上，虽因作为身份的隐射而延续采用了指纹，不过它也仅是封面上众多元素中的一部分，并且刻意缩小让尺寸比例回到接近真实的状态，来贴近与读者间的距离。

字体使用上，一开始先考虑了 Courier，因最初 Courier 字体是 IBM 公司在 20 世纪 50 年代设计给打印机使用的字体，后来这个字型成为整个打字机制造业的标准。从该字体发展的历史上来看颇为合适，不过也因字体本身并不容易使用，缺乏这次所需的细节，同时搭配中文更显不协调，所以选择了另一种打字机形式字体 Typewriter，而没采用 Courier，也舍弃了由 Adrian Frutiger 所设计的 Courier 变体 Courier New。

在决定了打字机字体后，接着思考中文字体如何能够搭配。在观察眼前初步的画面构成与收集的资料，脑中出现另一个过去办公室常见的点阵打印机（又称针式打印机），它依靠点的矩阵组合而可成为文字，或是更大的图像。朝圣者三个字笔划不算很多，所以应该可以朝着想象中的样貌去尝试，并且让文字偏向窄长，以搭配同样偏窄长的 Typewriter 字体。在基础排列完成后再经由图像处理，混合了点与点之间的空隙，达到文件被再次复制的效果。

封面上三个中央情报局的无色 Logo 钢印打凹效果，让这个素色封面产生了一些立体感的点缀，而落钢印的位置也配合图文盖于照片边缘，与平时的经验相符，让多份文件有被认证的真实感受。

中央情报局的标志以深蓝色为主体，因而内封选择类似色调的日本竹尾美术纸，搭配大面积的图文烫金加工，处理成带有档案、公文夹风格的外壳。在英文版《朝圣者》封面里的情境图中，有个对象为上面有部分手写笔迹内容的便利贴，而在中文版时将便利贴这个想法，用真实的便利贴制作出来并贴于内封之上。这个作为具有暗藏与提示之用的对象安排，是希望让读者在无意间翻开书衣时，突然发现封面上这部小说的"遗留之物"。（注：黄色便利贴为首刷赠品）

作为意志和表象的世界

160mm×230mm

〖封面用纸〗采石纸
〖书腰用纸〗采石纸
〖内文用纸〗LUX 轻涂纸

〖编辑〗林家合
〖出版社〗新雨出版

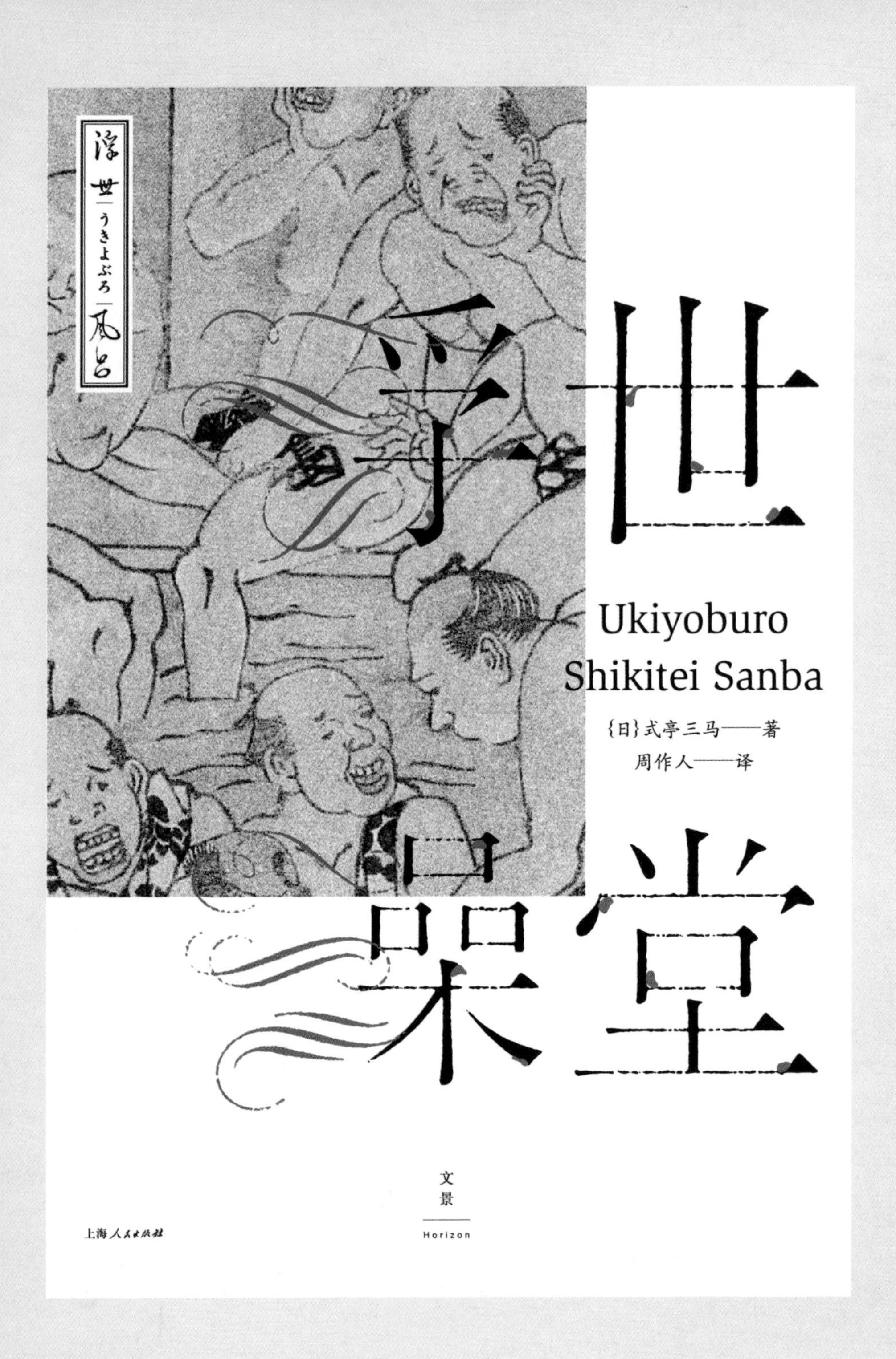

浮世澡堂

140mm×203mm

〖封面用纸〗大地纸
〖内文用纸〗瑞典轻型纸
〖印刷工艺〗烫金

〖编辑〗苏本
〖出版〗世纪文景

屠夫十字镇

140mm×203mm

〖封面用纸〗大地纸
〖内文用纸〗轻型纸
〖印刷工艺〗封面印黑 + 烫白
〖编辑〗王玲
〖出版〗世纪文景

（设计师说）

当我知道《屠夫十字镇》是《斯通纳》的镜像，是《斯通纳》的前传时，我还是希望在两本书之间找到一些相似之处，尽管在设计《斯通纳》时，并未考虑到这部分。

我将美洲野牛的牛角与符合时空背景的猎枪，拼凑出整个美洲野牛头部骨骼轮廓，骨骼轮廓中填充着“屠夫十字镇”的原文：“Butcher's Crossing”与作者名：“John Williams”。骨骼轮廓最下方带出，《屠夫十字镇》的镜像作品《斯通纳》原文：“Stoner”。并且，是使用上次为简体版《斯通纳》当时所设计的 Logotype。

如此一来，《屠夫十字镇》封面上开始与《斯通纳》产生连接。

美洲野牛骨骼轮廓的上方，我摆放了一只完整的美洲野牛。美洲野牛的侧面，因倾斜角度所以颇具特色。这是一只活生生的美洲野牛，与下方骨骼轮廓形成一种对比，除了大小的对比之外，也是生与死的对比，是具有张力的生存象征。

在材料方面，选用与《斯通纳》相同的书衣用纸，纸张上跟《斯通纳》也相连接。且书腰高度也与《斯通纳》相同，《屠夫十字镇》的中文字体和级数也与《斯通纳》相同，这些都是刻意的安排。

War, Deceit, Imperial Folly and the Making of the Modern Middle East

Thomas Edward Lawrence
16 August 1888 – 19 May 1935

阿拉伯的勞倫斯

戰爭、謊言、帝國愚行與現代中東的形成

"A fascinating book, the best work of military history in recent memory and an illuminating analysis of issues that still loom large today."
— ***The New York Times***

Memories Series 02

LAWRENCE IN ARABIA

Scott Anderson

斯科特·安德森——著
陸大鵬——譯

Finalist for the 2014 National Book Critics Circle Award in Biography

A *New York Times* Notable Book

One of the Best Books of the Year: *The Christian Science Monitor*, NPR, *The Seattle Times*, *St. Louis Post-Dispatch*, *Chicago Tribune*

NATIONAL BESTSELLER

生之静物

130mm×190mm

【封面用纸】单光白牛皮纸
【内文用纸】米色漫画纸

【编辑】陈琼如
【出版】木马文化

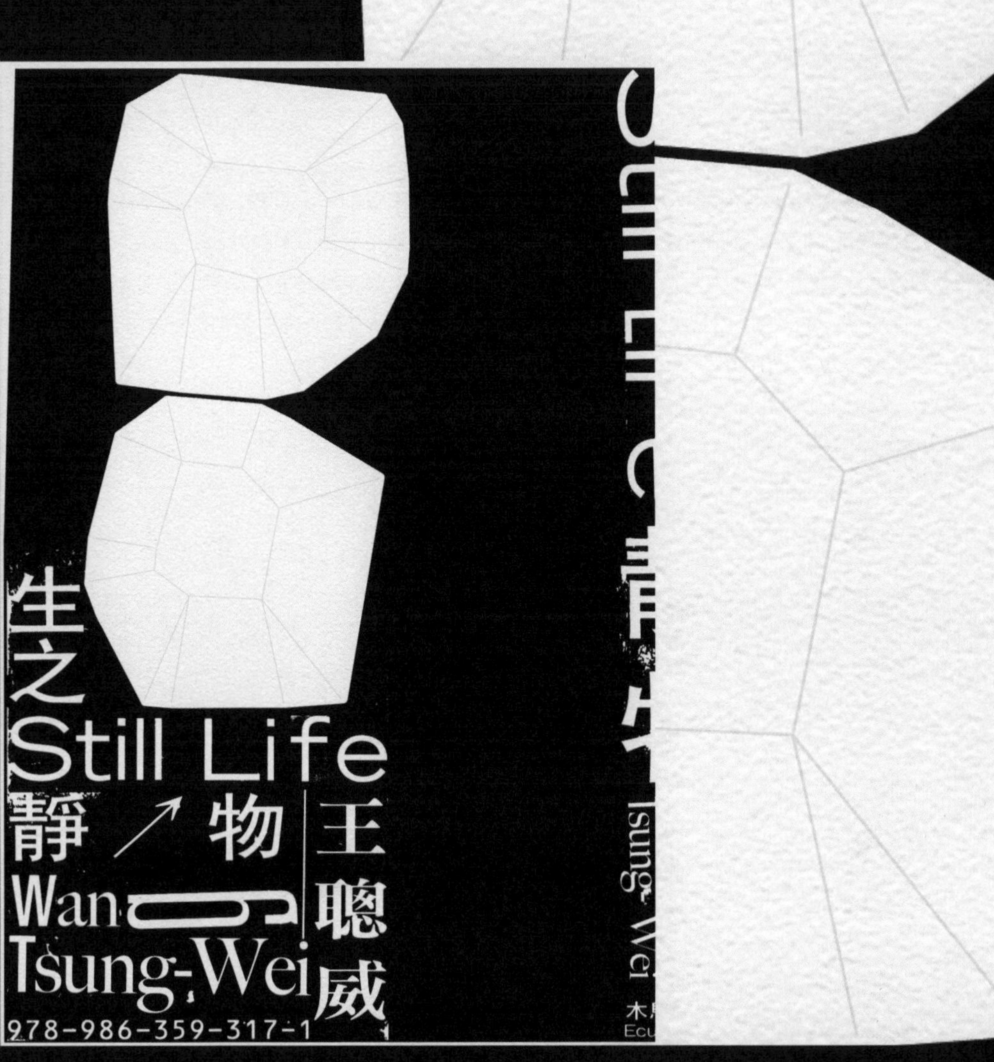

（设计师说）

作者以“静物”作为生命状态象征而纳入书名中，“静物”二字将我和过去记忆结合，那是置放于

不具任何意义，重点是在于它所形成的脉络，是以“封闭文字”作为起点。最后在这两个白色色块中，

在这本书当中就起了作用，它具备自然的廉价感。“孤独死”的生活场景大多混乱复杂，桌上散落的日常

Postscript

『说明：关于金衣奖』

金衣奖——年度两岸出版设计大赏，自2012年开始运作，每年评选、推介出两岸最优秀的设计师和作品，关注富有创意和品质的纸本设计力。

金衣奖于2016年度共征集两岸出版品逾950种，评选出入围作品93种。其中大陆入围作品44种，台湾地区48种，香港地区1种。本届金衣奖的金奖获得者为台湾设计师王志弘，银奖获得者为孙晓曦、廖韡、何佳兴，铜奖获得者为聂永真、邵年、彭星凯、小马 & 橙子、张溥辉。绝大多数入围作品，均收录于本特集。特集中，采访、收集了98种书籍作品的基本信息与创作理念，力图完整呈现作品的设计DNA。

最后，感谢以下设计师、编辑对本届金衣奖评选的协助：

崔晓晋	设计师
韩捷	设计师
赖佳韦	设计师
廖韡	设计师
刘立尧	上河卓远文化编辑
刘子华	南方家园发行人
罗甜文	摄影师，设计师
山川	设计师
邵年	设计师
雾室	设计师
小飞	资深书店运营
张溥辉	设计师
张诗扬	理想国编辑
赵玮玮	设计师
周安迪	设计师
周伟伟	设计师
周璇	译林出版社编辑
朱疋	设计师